观赏性土种盆栽

华 姨 编著

浙江科学技术出版社

前 言
Preface

有人说："每天心中开出一朵花，世界自然花香遍地。"当我们心中满是芳香，现实生活中又怎可以没有满室芳香呢？准备好一个个小花盆、一件件小工具、一颗颗种子、一盆盆泥土……准备好一份好心情，迎接那花草相伴的美好生活吧。

心怀这样纯粹、美好的初衷，我们编写了这本《观赏性土种盆栽》，将草木的习性特征、栽培养护等知识奉送到您的面前。我们选择了返璞归真的种植方法：土种。透过泥土的芬芳，我们希望带给您一种热爱生命的力量，一种风雨中成长的渴望，一种精心呵护与陪伴的幸福感。

全书共分为三部分：基础理论的介绍、基础技巧的讲述以及盆栽实例的展示，力求以深入浅出的手法将相对专业的知识呈现出来。在每一个盆栽实例当中，我们又分列出五方面进行介绍：别称，让您在市场上更有效地淘到您所想要的植物；习性，让您从一开始就能够简单了解植物，做到心中有数地种植；形态特征，让您更好地认识并区别不同的植物；栽培与养护，细分六小点，从自然环境到养护技巧一一细说，让您能够更清晰、更容易地掌握栽培、养护技巧；摆放技巧，让您能够更好地布置家园，同时又不会因为环境失宜而影响植物生长或身体健康。

我们选择的都是具有观赏性的植物。叶子生出来，舒展开；花儿冒出蕾，绽放开，香气丝丝缭绕。愿本书能陪伴您在植物栽种的路上，幸福过好每一天。

编　者

2016年1月

目　录
Contents

Part 1 土种盆栽介绍

2　　关于土种盆栽的盆
6　　关于土种盆栽的土

Part 2 土种盆栽基础技巧

11　　土种盆栽的繁殖技巧
19　　土种盆栽的养护技巧
26　　土种盆栽的病虫害防治技巧

Part 3 盆栽实例

30　　葱兰
32　　雪铁芋
34　　朱顶红
36　　袖珍椰子
38　　春兰
40　　也门铁
42　　观赏凤梨
44　　网纹草
46　　建兰
48　　香菇草
50　　郁金香
52　　皱叶椒草
54　　球兰
56　　孔雀木
58　　三角梅
60　　清香木
62　　蕙兰
64　　马齿苋树
66　　凌霄花
68　　兴旺竹
70　　蟹爪兰
72　　苏铁
74　　含笑花

		100	万年青
		102	紫罗兰
		104	朱砂根
76	薄荷	106	沙漠玫瑰
78	君子兰	108	密叶朱蕉
80	棕竹	110	大花蕙兰
82	金银花	112	香花槐
84	孔雀竹芋	114	凤仙花
86	鹤顶兰	116	八角金盘
88	雪花木	118	非洲紫罗兰
90	龙船花	120	镜面草
92	春羽	122	蚬肉海棠
94	文殊兰	124	荷花竹
96	紫鹅绒	126	非洲菊
98	美人蕉	128	大岩桐
		130	一品红
		132	万寿菊
		134	姜花
		136	白鹤芋
		138	扶桑
		140	花烛
		142	龙吐珠
		144	春石斛
		146	空气凤梨
		148	葡萄风信子
		150	五彩凤仙花
		152	紫叶酢浆草
		154	银脉凤尾蕨

Part 1

土种盆栽介绍

观赏性 土种盆栽

关于土种盆栽的盆

培植一株盆栽,我们首先要选择一个合适的花盆,为此我们需要了解花盆的种类及其用途。同时我们还要掌握一些基本的花盆使用技巧,以便让植株获得更好的生长环境。

花盆的种类及用途

素烧盆:又称泥盆、瓦盆,是用泥土烧制的花盆,一般底部有排水孔。它的优点是透气、渗水性能良好,适合盆栽花木的生长;缺点是欠美观,烧制不熟的易损坏。

紫砂盆:俗称宜兴盆,以江苏宜兴出产且历史悠久而得名。它的优点是外形美观,适合室内陈设;缺点是透气性较差。

缸瓦盆:它的优点是质地坚硬,耐用;缺点是透气性差,不美观。

Part 1 土种盆栽介绍

瓷盆：它的优点是制作精细，涂有彩釉，外形美观，多作套盆用，也可以种植花木；缺点是透气性差。

塑料盆：它的优点是轻巧、耐用；缺点是排水和透气性差，色彩不够美观。

陶盆：用陶泥烧制而成，有一定的透气性。有的素陶盆在制作过程中会加一层彩釉，使得透气性稍差。造型多样，比较美观。

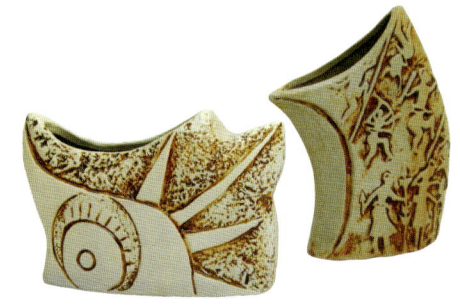

木盆：木盆大小尺寸不定，透气、透水性好，造型多变。

上述几种花盆中，素烧盆最适合花木生长，其造价也低。其他几种花盆质地优良，造型美观，适合在室内摆放。但因其透气性差，所以种植花木时应在盆底多放一些粗沙或炉灰，使之渗水；培养土中多加腐殖质和沙土，以增加透气性，使花木能生长发育良好。

观赏性土种盆栽

上盆步骤

上盆是指第一次把植株栽入盆内的工作，要将各种花木品种最适宜的移栽时间作为上盆日期。落叶花木宜在11月下旬至次年3月中旬间上盆，即在落叶后至萌发前上盆；常绿花木的移栽宜在10月中旬至11月下旬间，或次年3月上中旬进行。除以上期限外，各种花木也可临时上盆，但须谨慎操作、严加管理，这样才能使其成活。

花盆的选择：根据植株的大小选择合适的花盆，花盆太大或太小都不好。花盆太小，显得头重脚轻不相称，植株根系也难以舒展；花盆太大，若盆中持水过多，而植株叶子面积小，水分蒸发少，土不易干燥，会影响根系呼吸，甚至导致烂根。

修剪：挖起准备上盆的植株，剪去过长的和受伤的根系，再剪去部分过长的枝叶。修剪的目的是减少水分蒸发，使根系保持水分平衡，从而使植株上盆后容易成活。

栽植：填土前先用3~4块瓦状砖石盖于盆底排水孔上面，做到堵而不塞，利于排水。用浅盆、小盆上盆时，可在排水孔处铺塑料纱网或棕皮。一些名贵的花木，如兰花、杜鹃等，可在上盆时于盆底增放一些碎砖瓦渣、木炭等吸水物以利渗水。然后放入粗土，再放入

少量培养土，接着将花木种入盆中，四周均匀填土，土将满时，把花木往上略提一提，并摇动花盆，使土壤与根系密接。

若植株带有土球，须先剔除一些陈泥并修剪根系，再将植株置于盆中央，填实盆土。

盆土的量应保持在盆面土离盆口1~3厘米，以便日后浇水、施肥不致外溢。上盆时还要注意盆苗姿态，主干、树冠要正、直，深浅、位置要适当。

浇水：上盆完毕后应马上浇水。第一次浇水一定要浇足，直至盆底有水渗出。如果一次不易浇透，可分几次浇灌；也可将盆放在盛水的容器内，使水从盆底孔慢慢渗透进去，直至盆面土湿润了再移出盛水容器。但要注意盛水容器内的水不能高于盆面。

服盆：新上盆的植株不能立即放在阳光下暴晒，而应放在阴处，几天后逐步增加光照强度和时间。因为新上盆的植株根系易受损，导致吸水能力下降，光照太强会引起新上盆植株萎蔫。

Part 1 土种盆栽介绍

换盆

花盆就像是植物的家，需舒适、安逸。随着时间的推移、植物的生长等因素，有时候植物需要离开原来的花盆，即换盆。

需要换盆的原因：

(1)植株不断长大，原来的花盆容纳不下。

(2)随着植株的生长发育，花盆内原有的养分已基本耗尽。

(3)长时间浇水，造成花盆内的土壤板结，从而使植株生长发育不良。

发生以上情况时，为不影响植株生长，需及时换盆更换新土。一般一二年生草花开花前换盆2～3次，宿根花卉大多每年换盆1次，木本花卉每2～3年换盆1次。换盆时间为春季生长开始前或秋季停止生长后，小盆换大盆可随时进行。

换盆的方法：

换盆的目的是为植株的不断生长创造良好的条件，为此，要选择适宜的优质培养土来进行更新，同时在操作过程中不能损伤枝叶。换盆前1~2天暂停浇水，使盆土变得干燥一些，以便使盆土与盆壁脱离，有利于操作。换盆时小型和中型花盆可用手轻轻敲击其四周，使盆土与花盆稍分离；再将花盆连同植株向一边倾倒，此时一只手托住植株，另一只手用拇指或木棍从盆底排水孔处用力向里推几下或轻扣盆底，便可将植株连土坨倒出。

如为宿根花卉换盆，需将原土坨肩部和四周外部的宿土铲掉一层，并剪除枯枝、卷曲根及部分老根，然后在大一号的盆内填入新的培养土，将其栽入。

如为木本花卉换盆，可将原土坨适当去掉一部分，并剪除老枯根，再栽入大一号的盆内，注意添加新的培养土。

换盆时的栽植方法与上盆时的栽植方法基本相同。换盆后要充分浇水，以使根系与土壤密接。换盆后的植株宜放置阴处数日，待其恢复正常后再按日常方法管理。

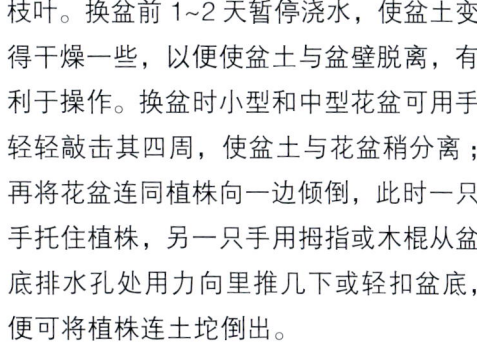

关于土种盆栽的土

泥土犹如植物的生命之源，植物从中汲取最大程度的营养。所以，合适的培养土是植物生长的关键。下面我们就从各个方面来认识一下盆栽用土。

培养土的分类

园土：是培养土的主要成分，由垃圾、落叶等经过堆制和高温发酵而成。通常也把绿化带里的土称为园土。

垃圾土：又称为"还魂土"，是用换盆后的废土，再补加粪肥堆积而成，土腐熟后过筛、晒干。

腐叶土：又叫山泥，是树叶经腐烂后形成的天然腐殖质土，除用于配制培养土外，还可单独用来种植杜鹃、山茶等喜酸性土壤的花卉。

塘泥：呈中性或微碱性，在南方应用较多。是把池塘泥挖出来做成薄块，晒干后收贮备用，用时将薄块打碎。它的优点是肥分多，排水性能好。

河沙：是培养土的基础材料，可选用一般的粗沙。培养土中掺入一定比例的河沙有利于土壤透气、排水。

泥炭：又叫草炭、泥煤，含有古代埋藏在地下未完全腐烂分解的植物体以及丰富的有机质。培养土中加入泥炭有利于改良土壤结构，可混合或单独使用。

砻糠灰：是稻壳燃烧后的灰，富含钾

肥，掺入培养土中可使土壤疏松。

锯末：木屑经发酵分解后，掺入培养土中，也能改变土壤的松散度和吸水性。

砖渣：将瓦片或砖块敲碎用作培养土，有利于排水、透气，但缺少肥分。

苔藓：苔藓晒干后掺入培养土中，可使土质疏松，排水、透气性良好。

厩肥土：动物粪便、落叶等物掺入园土、污水等中堆积沤制而成，具有较丰富的肥力。

Part 1 土种盆栽介绍

培养土的配制

一般草花用土：腐叶土3份，园土5份，河沙2份。

木本植物用土：腐叶土4份，园土5份，河沙1份。

播种及幼苗用土：腐叶土5份，园土3份，河沙2份；腐叶土2份，园土1份，厩肥土少量，河沙少量；腐叶土1份，园土1份，砻糠灰1份，厩肥土少量；园土2份，砻糠灰1份，河沙1份。

温室花木用土：腐叶土4份，园土4份，河沙2份。

一般盆栽花木用土：腐叶土1份，园土1份，砻糠灰0.5份，厩肥土0.5份；腐叶土1份，园土1.5份，厩肥土0.5份；园土2份，腐叶土2份，河沙1份；园土3份，塘泥1份，砻糠灰1份。

耐阴湿花木用土：腐叶土0.5份，园土2份，厩肥土1份，砻糠灰0.5份；腐叶土2份，河沙1份，锯末或泥炭1份。

扦插用土：因植物生根前不要养料，所以扦插时常用黄沙或蛭石。可以用园土和砻糠灰各1份，或园土和腐叶土各1份配置。某些花卉单用砻糠灰扦插也可以。

喜酸性花木用土：山泥或腐叶土、园土，再加少量黄沙；山泥或垃圾土2份，泥炭或锯末1份。

多浆植物用土：黄沙0.5份，园土0.5份，腐叶土1份；砖渣1份，园土1份。

茶花、杜鹃、含笑花用土：腐叶土2份，黄泥1.5份，焦泥灰0.5份，河沙1份，加少量骨粉等。

兰花用土：目前大多用黑山泥，即山区树林中的落叶自然堆积而成的腐叶土，或者在腐叶土中加少量黄沙。

观果、观花类植物用土：特别是大花型的花卉，还要在土壤中添加少量骨粉或过磷酸钙等，以补充土壤中的磷、钾。

一般的盆栽，常用的培养土配制比例为腐叶土（或泥炭土）：园土：河沙：骨粉=35∶30∶30∶5；或用腐叶土（或泥炭土）、素面沙、腐熟有机肥料、过磷酸钙按5∶3.5∶1∶0.5的比例混合，过筛后使用。上述培养土多为中性或偏酸性，适合大多数花木使用。用于培养山茶、杜鹃等喜酸性花木，可掺入约0.2%硫黄粉；若培养仙人球等花卉，可加入约10%自石灰墙上剥落下来的墙皮土。

观赏性 土种盆栽

培养土的消毒

一般来说，培养土（包括旧盆土）经过烈日暴晒后，已进行了初步的消毒，可以使用。如再进行药物消毒，可采用以下方法：

1. 将0.5%的福尔马林或0.5%的高锰酸钾喷入盆中，拌匀后堆置，用塑料薄膜密封。5～7天后，揭去塑料薄膜即可使用。

2. 用60%的代森锌药物60克，拌入1立方米土内，用塑料薄膜密封。2～3天后，揭去塑料薄膜，待药味散去后即可使用。

3. 在1立方米土中喷入50%的多菌灵粉剂40克，拌和后用塑料薄膜密封。2～3天后，揭去塑料薄膜，待药味散去即可使用。

在进行药物消毒时，不应杀灭培养土中的微生物。因为培养土中含有大量的微生物，通过它们的活动，能陆续分解出许多氮肥和其他物质，可以保持土壤肥力，改善土壤结构，使之疏松、透气，提高贮水能力等。

土壤的酸碱度

土壤中存在着少量的氢离子和氢氧根离子,其数量多少决定着土壤的酸碱度。华北地区,特别是河北省的土壤多为弱碱性土;南方的土壤多为弱酸性土和酸性土。一般用pH来表示土壤的酸碱度,pH分为14个等级,而土壤的酸碱度一般可分为以下几级:

土壤的酸碱度

pH	土壤的酸碱度
<4.5	极强酸性
4.5~5.5	强酸性
5.5~6.5	酸性
6.5~7.5	中性
7.5~8.5	碱性
8.5~9.5	强碱性
>9.5	极强碱性

中和盆土碱性简易配方

如果需要改良盆土的碱性,可用以下方法:

换土法:每隔1~2年,用松针土更换1次盆土,更换时只保留花卉根部的"护心土",其余全部换掉。

盆土加硫黄粉:盆土中掺加适量硫黄粉,经过微生物缓慢分解后会产生酸性物质,中和盆土中的碱性物质。

浇醋法:食醋是一种有机酸,并含有多种氨基酸等营养物质,用清水稀释50~100倍后,每15~20天浇1次土,可中和盆土的碱性。

沤制矾肥水:用黑矾(硫酸亚铁)、豆饼(或煮大豆水)、膨化鸡粪、水,以4:10:20:400的比例混合,装入棕色玻璃瓶,用塑料布扎住瓶口,扎若干通气眼,放在阳光下晒10~15天,彻底发酵后,取1份肥液加10~20倍水混合,浇植株,既能提供各种养分,又可中和盆土的碱性。

Part 2 土种盆栽基础技巧

土种盆栽的繁殖技巧

一般为大家所熟知、且便于普通家庭操作的植物繁殖方法是种子繁殖,种子繁殖也有很多技巧需要我们掌握。除了种子繁殖,许多一年或多年生的植物也可以用其他方法繁殖。下面我们就来介绍几种比较常见的植物繁殖技巧。

种子繁殖

花木的播种时间大致是春秋两季,通常春播时间在2~4月,秋播时间在8~10月。家庭栽培因受地理条件限制,没有大的苗床,均采用盆播;如有庭院,也可采用露地撒播、条播。

盆播在播种前须将花盆洗刷干净,在盆孔上方填上瓦片,在盆内铺上粗沙或其他粗质介质作排水层,然后再填入筛过的细砂壤土,将盆土压实刮平,即可进行播种。一些大粒种子如凤仙花,可以一粒粒的将种子均匀点播,然后压紧盆土,再覆一层细土。小粒种子如鸡冠花,就可采取撒播,将种子均匀撒播在盆中,然后轻轻压紧盆土,再薄薄覆盖一层细土。播种完毕后,要用细眼喷壶喷水;或用浸水法将花盆放入水池中,下面垫一倒置空盆,水分由底部向上渗透,直至整个土面湿润,使种子充分吸收水分和养分。然后于盆面盖上玻璃或薄膜,以减少水分蒸发。

播种后到出苗前,土壤要保持湿润,不能过干、过湿;早晚要将盆上覆盖物掀开数分钟,使之通风透气,白天再盖好。一旦种子发出幼苗,要立即除去覆盖物,但要逐步见光,不能立即暴露在强光之下,以防幼苗猝死。如幼苗过密,要进行间苗,去弱留强,使留下的苗能得到充足的阳光和养料,茁壮成长。间苗后须立即浇水,使留下的幼苗根部不至于因松动而死亡。当幼苗长出1~2片真叶时,即可移植。

分株繁殖

分株繁殖多用于宿根草本植物。有时为实行老株更新，亦常采用分株法促进新株生长。分株繁殖大致可分为以下几类：

块根类的分株繁殖：如大理花的根肥大成块，芽在根茎上多处萌发，可将块根切开（必须附有芽）另植一处，即可繁殖成一新植株。

球茎类的分球繁殖：将球茎、鳞茎上自然分生的小球进行分栽，培育新植株。一般很小的子球第一年不能开花，第二年才开花。母球因生长力的衰退可逐年淘汰。根据挖球及种植的时间来定分球繁殖季节。挖掘球根后，可将太小的球分开，置于通风处，使其休眠以后再种。

根茎类的分株繁殖：如美人蕉、竹类

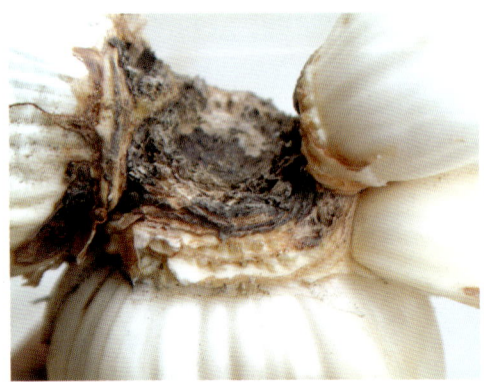

水仙球分剥

等埋于地下、水平横卧的肥大根茎，可在每一长茎上用利刀将带3～4个芽的部分根茎切开另植。

宿根植物的分株繁殖：如萱草、鸢尾、春兰等丛生的宿根植物在种植三四年或盆植两三年后，因株丛过大，可在春秋两季分株繁殖。在将该类植物挖出或翻盆时，植株根系会多处自然分开，一般分成2～3丛，每丛有2～3个主枝，再分别单独栽植。

丛生型及萌蘖类灌木的分株繁殖：早春或深秋将腊梅、南天竹、紫丁香等丛生型灌木掘起，一般可分2～3株栽植。另一类是文竹、迎春、牡丹、苏铁等易于产生根蘖的花木，将母体根部出现的萌蘖，带根分割另行栽植。

分剥出的苏铁蘖芽

上盆繁殖

Part 2 土种盆栽基础技巧

扦插繁殖

叶插：即用植株叶片进行扦插，一般多用于再生力旺盛的植物。叶插可分为全叶扦插和部分叶片扦插。用带叶柄的叶扦插时，极易生根。叶插发根部位有叶缘、叶脉、叶柄。将非洲紫罗兰叶插于土中或泡于水中，其叶柄处均可长出根来。将叶片剪成数段扦插的有虎耳兰。虎耳兰叶身较长，可切成7~8厘米长，斜插于盆中，可由叶片下部生根发芽。

叶插

叶芽插：一枚叶片附着叶芽及少许茎的一种插法，介于叶插和枝插之间。可在芽上附近切断茎，芽下稍留长一些，一般插穗以3厘米长为宜，这样可长势强、生根壮。橡皮树、花叶万年青、绣球花、茶花都可采用此法繁殖。

叶芽插

观赏性土种盆栽

枝插：因取材和时间的差异，枝插又分为硬枝扦插、嫩枝扦插和半硬枝扦插。

(1)硬枝扦插：落叶后或翌春萌芽前，选择成熟健壮、组织充实、无病虫害的一两年生枝条中部，剪成约10厘米长、3~4个节的插穗，剪口要靠近节间，上端剪成斜口，以利排水，然后插入土中。

(2)嫩枝扦插：即用当年生嫩枝扦插。剪取枝条7~8厘米，剪去下部叶片，留上部少数叶片，然后扦插。菊花、一品红、天竺葵、海棠等都可采用此法繁殖。

半硬枝扦插

嫩枝扦插

(3)半硬枝扦插：主要适用于常绿花木在生长期扦插。取当年生半成熟枝梢8厘米左右，去掉下部叶片，留2枚上部叶片，插入土中1/2~2/3即可。桂花、月季等都可采用此法繁殖。

根插：用根作为插穗繁殖新苗，仅适用于根部能发生新梢的种类。一般用根插时，根越大则再生能力越强。可将根剪成5~10厘米长，用斜插或水平埋插，使发生不定芽和须根；靠近根头的部分，发芽力旺盛。垂盆草根细小，可切成2厘米左右长的小段，撒于盆面上，然后覆土。芍药、腊梅、牡丹、非洲菊、雪柳、柿、核桃、圆叶海棠都可采用此法繁殖。

扦插后的管理：主要是勿过早见强光，遮阳浇水，保持湿润。根插及硬枝扦插管理较为简单，勿使其受冻即可。嫩枝、半硬枝扦插，宜精心管理，保持盆土湿润，以防失水影响成活。发根后应逐步减少浇水，增加光照。新芽长出后施液肥1次，植株成长后方可移植。此外，在整个管理过程中，要注意病虫害防治和除草、松土。

压条繁殖

压条繁殖是将一植株枝条不脱离母体埋压土中繁殖的一种方法。多用于难以扦插生根的花卉，如腊梅、桂花、结香、米兰等。

单枝压条：取靠近地面的枝条，作为压条材料。将枝条埋入土中15厘米，并将地下枝条部分施行割伤或轮状剥皮；枝条顶端露出地面，以竹钩固定，覆土并压紧。连翘、罗汉松、棣棠、迎春等花木常用此法繁殖。还可在一个母株周围压条数枝，以增加繁殖株数。

堆土压条：此法多适用于丛生型花木。可在第一年将地上部分剪短，促进侧枝萌发；第二年，将各侧枝的基部刻伤并堆土，生根后分别移栽。凡丛生花木，如绣线菊、迎春、金钟等均可用此法繁殖。

波状压条：将枝条弯曲于地面，并割伤数处，然后将割伤处埋入土中，生根后，切开枝条移植，即成新个体。此法适用于枝条长且易弯曲的花木。

高空压条法：此法通常适用于株形直立、枝条硬而不易弯曲，又不易发生根蘖的花木种类。选取当年生成熟健壮枝条，施行环状剥皮或刻伤，用塑料薄膜套包环剥或刻伤处，用绳扎紧，内填湿度适宜的苔藓和土，要注意埋土并压紧。压条不脱离母体，均靠母体供给营养，等到新根生长后剪下，栽植成新个体。切离母体时间视品种而异，月季当年可切离，桂花次年切离。移植时尽量带土，以保护新根，有利于植株成活。

高空压条

嫁接繁殖

嫁接是用植株的一部分，嫁接于其他植株上繁殖新株的方法。用于嫁接的枝条称为接穗，所用的芽称为接芽，被嫁接的植株称为砧木，接活后的苗为嫁接苗。在接穗和砧木之间发生愈合组织，当接穗萌发新枝叶时，即表明接活，然后剪去砧木萌枝，就形成了新个体。

休眠期嫁接一般在3月上中旬进行，有些萌动较早的种类则在2月中下旬进行。秋季嫁接在10月上旬至12月初进行。生长期嫁接主要是进行芽接，7～8月为最适期，桃花、月季多在此期间嫁接。

砧木要选择和接穗亲缘近的同种或同属植物，且适应性强、生长健壮的植株；接穗要选择长得饱满的中部枝条。嫁接的主要原则是切口必须平直光滑，不能毛糙、内凹。嫁接绑扎的材料，现在多用剪成长条的塑料薄膜。嫁接操作方法主要有如下几种：

切接：平截砧木的上部，在其一侧纵向切下2厘米左右，稍带木质部，露出形成层，接穗枝条一端斜削成2厘米长，插入砧木，对准形成层，绑扎牢固即可。

切接

靠接：将接穗和砧木两植株置于一处，将粗细相当的两根枝条的靠拢部分都削去3～5厘米，深达木质部，然后相靠，对准形成层，使削面密切接合并扎紧。

芽接：多用丁字形芽接，即选枝条中部饱满的侧芽，剪去叶片，留下叶柄，连同枝条皮层削成芽片，长约2厘米，稍带木质部；将砧木皮切成一丁字形，并用芽接刀将薄片的皮层挑开，将芽片插入，然后用塑料薄膜带扎紧，将芽及叶柄露出。

孢子繁殖

观赏蕨类植物繁殖方法主要是分株和孢子繁殖,孢子繁殖方法如下:

孢子繁殖的过程: 蕨类植物是进化水平最高的孢子植物。孢子体和配子体独立生活。孢子体发达,可以进行光合作用。配子体微小,多为心形或垫状的叶状体,绿色自养或与真菌共生,无根、茎、叶的分化,有性生殖器官为精子器和颈卵器。蕨类植物无种子,用孢子进行有性繁殖。

孢子来自孢子囊。蕨类植物繁殖时,有些叶的背面会出现成群分布的孢子囊,这类叶称为孢子叶,其他叶称为营养叶。孢子成熟后,孢子囊开裂,散出孢子。孢子在适宜的条件下萌发生长为微小的配子体,又称原叶体,其上的精子器和颈卵器同体或异体而生,大多生于叶状体的腹面。精子借助外界水的帮助,进入颈卵器与卵结合,形成合子。合子发育为胚,胚在颈卵器中直接发育成孢子体,分化出根、茎、叶,生成蕨类植物。

孢子繁殖的方法: 当孢子囊群变褐色,将散出孢子时,给孢子叶套袋,连叶片一起剪下,在20℃下干燥,抖动叶子,帮助孢子从囊壳中散出,收集孢子。然后把孢子均匀撒播在浅盆表面,盆内以2份泥炭藓和1份珍珠岩混合作为基质。也可以用孢子叶直接在播种基质上抖动散播孢子。以浸盆法灌水,保持清洁并盖上玻璃片。将盆置于20～30℃的温室荫庇处,经常喷水保湿,3～4周后"发芽"并产生原叶体(叶状体)。此时第一次移植,用镊子钳出一小片原叶体,待生出具有初生叶和根的微小孢子体植物时再次移植。

蕨类植物孢子的播种,常用"双盆法"。把孢子播在小瓦盆中,再把小瓦盆置于盛有湿润水苔的大盆内,小瓦盆借助盆壁吸取水苔中的水分,更有利于孢子萌发。

蕨类孢子囊

组织培养繁殖

组织培养繁殖是利用植物的离体器官、组织或细胞的再生能力进行培养的方法。像蕨类、仙人掌及多肉植物等都可以用这种方法来繁殖。

组织培养的条件：组织培养在无菌条件下进行，需要在实验室里操作，还要专门设有培养室。培养室是供培养物生长的场所，需要分4~5层的培养架，上面安装30~40W日光灯用于照明，每天照明10~16小时，用自动定时器控制照明时间，温度须保持在15~25℃。

组织培养的方法和步骤：首先采集培养材料，可采取根、茎、叶、花、芽和种子的子叶，有时也利用花粉粒和花药。在快速繁殖中，最常用的培养材料是茎尖，通常取0.5厘米左右长的切块。

其次把培养材料进行消毒。先将培养材料用流水冲洗干净，然后用蒸馏水冲洗，再用无菌纱布或吸水纸将培养材料上的水分吸干，并用消毒刀片切成小块。在无菌环境中将培养材料放入浓度为70%的酒精中浸泡30~60秒，然后移入漂白粉的饱和液或0.01%汞水中消毒10分钟，取出后用无菌水冲洗三四次。

再次就是接种和培养。在无菌环境下，将切好的外植体立即接在培养基上，每瓶接种4~10个。接种后，瓶、管用无菌药棉或盖封口，培养皿用无菌胶带封口。培养基大多应保持在25℃左右，但要根据不同植物种类及不同的材料部位而区别对待。

最后是组培苗的练苗移栽。一般移植前，先将培养容器打开，于室内自然光照下放3天，然后取出小苗，用自来水把根系上的营养基冲洗干净，再栽入已准备好的基质中，基质使用前最好消毒。移栽后要适当遮阳，要保持较高的空气湿度（相对湿度98%左右）；但基质不宜过湿，以防烂苗。

土种盆栽的养护技巧

植物的嫁接和种植均需要娴熟的技巧，而栽培、养护不仅需要技巧，还需要耐心。从浇水到施肥再到修剪，每一步都不能马虎。所以养好一盆盆栽，需要掌握一些基本的养护技巧。

浇水

浇水的时间规律：

浇水的时间一般在早晨、下午或傍晚。夏天要避免在中午浇水，尤其是盛夏，更不能在中午浇冷水。晚上浇水也可以，但是晚上光线暗淡，看不清盆土表面是否缺水。水的温度一般是手伸到水里不感觉冰凉刺骨即可。

多长时间浇一次水要视植株的习性而定。浇水要有规律，要定时定量，形成植株的生物钟，植株的生物钟稳定，植株才能健康成长。许多人浇水很随意，时浇时不浇，或者有时只浇一点，让花渴死；有时浇许多，让花淹死。这都是不正确的。

浇水方式：

多数花木喜欢喷浇。喷水能降低气温，增加小环境的湿度，减少植物水分蒸发，冲洗叶面灰尘、污物，提高光合作用的效率。经常喷浇的花木，枝叶洁净，观赏价值高。但盛开的花朵和嫩芽及毛茸较多的花卉，不宜喷浇。家庭养花可视条件而异，没有喷壶，也可直接浇灌盆面，但应定期用手洒水，冲洗叶面。

判断盆土是否缺水的方法：

(1) 敲击法：用手指关节部位轻轻敲击花盆上中部盆壁，如发出比较清脆的声音，表示盆土已干，需立即浇水；若发出沉闷的声音，表示盆土湿润，可暂不浇水。

(2) 目测法：用眼睛观察盆土表面颜色有无变化，如颜色变浅或呈浅灰白色，表示盆土已干，需立即浇水；若颜色变深或呈深褐色时，表示盆土湿润，可暂不浇水。

(3) 指测法：将手指轻轻插入盆土约2厘米深处，摸一下土壤，感觉干燥或粗糙而坚硬时，表示盆土已干，需立即浇水；若略感潮湿、细腻松软时，表示盆土湿润，可暂不浇水。

(4) 捏捻法：用手指捻一下盆土，如土壤呈粉末状，表示盆土已干，应立即浇水；若土壤呈片状或团粒状，表示盆土潮湿，可暂不浇水。

以上四种判断盆土是否缺水的方法只能告诉人们盆土干湿的大概情况。如需准确知道盆土干湿程度，可购买一支土壤湿度计，将湿度计插入土壤里，即可看到刻度上出现"干燥"或"湿润"等字样，便可确切知道何时该浇水。

实用浇水窍门：

(1)用残茶浇花既能保持土壤水分，又能给植物增添氮等养料。但应视花盆湿度情况，定期地有分寸地浇，而不能随倒残茶随浇。

(2)牛奶变质后加水用来浇花，有益于花儿的生长。但兑水要多些，使之比较稀才好。未发酵的牛奶不宜浇花，因其发酵时产生大量的热量，会"烧根"（烂根）。

(3)冬季天冷水凉，用温水浇花较好。最好将水放在室内，待其同室温相近时再浇。

(4)经常用淘米水浇米兰等花木，可使其枝叶茂盛，花色鲜艳。

家中无人时的浇水方法：

在家种花总会遇到家中无人的情况，这时，就可以考虑用以下方法来保持盆花的水分。

(1)将一个塑料袋装满水，用针在袋底刺一个小孔，然后将塑料袋放在花盆里，小孔贴着泥土，水就会慢慢渗漏出来，润湿土壤。孔的大小需掌握好，以免水渗漏太快。

(2)在花盆旁放一盛满凉水的器皿，找一块吸水性较好的宽布条，一端放入器皿水中，另一端埋入花盆土里，这样，至少半个月土壤可保持湿润，花不致枯死。

(3)用滴管装置将水滴入茎基部，使水滴不断渗透扩散至土中，被根系吸收。滴水的速度可根据花木种类及大小加以调整。此方法较为先进，效果也较好。

(4)将盆土浇透后在盆内四周插几根细木棍（竹、塑料制品均可），然后用白色塑料袋将整个植株罩起来。因为有了塑料袋的遮罩，水汽就不易外溢、蒸发，而是在塑料袋内结成水珠，重新滴到盆土里。注意罩盆的塑料袋不要紧贴在花朵和叶片上，更不要将花盆放到有阳光直射的地方。

施肥

施肥时间：

所谓的适时施肥就是指在花木需要肥料时施用。植株叶色变浅或发黄、植株生长细弱时为施肥最佳时期。此外，花苗发叶、枝条展叶时要追肥，以满足苗木快速生长对肥料的需求。由于花木的不同生长时期对肥料的需求不同，施肥种类和施肥量也相应有所差别。如苗期多施氮肥可促苗生长，花蕾期施磷肥可促进花大而鲜艳、花期长。

盆栽花木在高温的中午前后或雨天不宜施肥，此时施肥容易伤根，傍晚是最佳施肥时间。春夏季节植株生长快，长势旺，可适量多施。入秋后气温逐渐降低，植株长势减弱，应少施肥。8月下旬至9月上旬应停止施肥，以防止出现第二个生长高峰，从而容易使花木组织细胞细嫩而导致越冬困难。冬季花木处于休眠状态，应停止施肥。

肥料用量：

盆栽花木施肥应做到"少吃多餐"，即施肥次数多，每次施肥量要少。一般每7~10天施1次稀薄肥水，立秋后每15~20天施1次。随着花木逐渐长大，施肥浓度逐渐加大，如尿素施用浓度由前期的0.2%逐步增加到1.0%，磷钾肥由1.0%增加到3.0%~4.0%。

施肥方法：

(1)基肥：是在育苗和换盆过程中，将事先腐熟好的肥料按照一定比例混入土壤中，以满足花木长期生长需要。肥料一般采用自己制作的有机肥，如腐熟的饼肥、骨粉、炒熟的黄豆等，效果都非常好。

(2)追肥：是指根据花木不同生长期间的需要，有选择地补充各种肥料。可以用化肥，也可以用有机肥。使用化肥时，避开植株枝茎，撒到盆土中；或者将化肥稀释后浇灌。化肥使用起来简单，见效也快，但长时间使用会使盆土板结，土壤透气性差。而有机肥养分较全，肥效长，还能改良土壤，故建议多使用有机肥，尽量少用化肥。使用有机肥时可以加水稀释后浇灌，也可以浅埋在植株周围，同样也要避开根茎。

(3)叶面施肥：这种方法可以及时挽救因管理疏忽而出现营养不良等现象的植株，方便快捷，简单有效。将肥料稀释到一定比例后，用喷雾器直接喷施在植株的叶面上，靠叶片来吸收。

施肥过程中还要注意把握时机：追肥和叶面施肥时，要在盆中土壤干燥时进行，此时的植株吸收肥料效果最好。施肥前还要先松土，以利于肥水迅速下渗，减少肥料的损失。

施肥注意事项：

(1)新栽花木不施肥：新栽的花木伤口多，若受到外界的刺激，伤口难以愈合，容易引起烂根。

(2)开花期不施肥：开花期施肥会引起落蕾、落花、落果。

(3)休眠期不施肥：花木在休眠期停止或减缓生长，新陈代谢慢，光合作用差，若追施肥料，会很快打破休眠，导致植株继续生长，这样会消耗更多的养料而影响来年开花。

(4)根下不施肥：随着花木不断地生长，根系也相应地逐步扩展，若在根下施肥，反而不利于肥料的充分吸收和利用。因此，应视植株生长的情况，穴施在根的适当位置或盆边，以利于根系对肥料的吸收。

(5)不施浓肥：盆花施肥浓度不可过大或用量太多，一般应掌握"薄肥勤施"的原则，以三分肥七分水为最妥。

(6)不施生肥：施用未经腐熟的肥料不但易生虫、生蛆，易散发出臭气而污染环境，而且遇水发酵后会伤害植株的根系。

(7)不单施氮肥：氮、磷、钾应配合使用，最好以饼肥、厩肥、堆肥、鸡鸭鸽粪、骨粉、树叶、草木灰等农家肥为主，单施氮肥容易造成枝叶徒长，推迟开花或不开花，或花小色淡。

(8)病弱植株不施肥：病弱植株枝条细弱，光合作用差，新陈代谢迟缓，如果随便施肥，容易造成肥害。

修剪

适时修剪：

要选择适宜的时间，掌握正确的方法，一般在花木休眠期和生长期进行修剪，但具体修剪时间应根据它们的习性、耐寒程度和修剪目的而定。

梅花、迎春等先开花后长叶的花木，花芽都生在两年生的枝条上，如果在早春发芽前修剪，就会把花枝剪去，造成无花现象。故此类花木的修剪应在开花后1~2周内进行，但此时花木已开始生长，树液流动比较旺盛，修剪量不宜过大。

紫薇、月季、茉莉等夏秋季开花的花木，它们的花芽都生在当年生的枝条上，可在发芽前的休眠期进行修剪。观叶的花木也可以在休眠期进行修剪。在休眠期进行修剪时，耐寒性强的花木可以在晚秋和初冬进行，不宜过早修剪，以免诱发秋梢，不利于来年开花结果和御寒防冻；怕冷的花木则应在早春树液开始流动但尚未萌芽前进行修剪。

另外，为了更新而需要强行修剪时，均宜于花木休眠期进行。花木生长期的修剪，大都是为了通风透光，除去病虫枝、徒长枝或为了调节营养，修剪程度一般宜轻。还要注意剪口的芽要留外侧的，使枝条向外伸展；剪口成一斜面，留芽应在剪口的对面。剪口斜面顶部宜略高出留芽0.1~0.2厘米，不宜过高或过低。

修剪要点：

(1)疏剪：疏剪是把不需要的枝条从基部分生处剪除，主要剪去密生枝、徒长枝、交叉枝、衰老枝、病虫枝，目的是使枝条分布均匀，改善通风、透光条件，调节营养生长和生殖生长的关系，使营养集中供给保留的枝条，促进开花结果。疏剪应从枝条上部斜向下剪，不留残桩，剪口要平滑。

疏剪前　　　　　　　疏剪后

(2)短截：短截是指将一年生的枝条剪去一部分，又称短剪。这种修剪又按剪的程度不同而分为轻剪（轻短截）和重剪（重短截）。花木在生长期的修剪，一般多为轻剪，即剪去整个枝条长度的一半以下。目的是通过修剪，分散枝条养分，促使产生大量中短枝条，使其在入冬前充分木质化，形成充实饱满的腋芽或花芽。

花木在休眠期的修剪，则多为重剪，即剪除整个枝条长度的一半以上。对于一些萌发力强的花木，有时则将枝条的绝大部分剪除，仅保留基部的2～3个侧芽，促使萌发壮枝，以利于开花。月季、紫薇等花木的修剪常用此法。短截时要注意剪口应呈45度的斜面，并与芽的方向相反，剪口离芽约1厘米。留芽方向要根据枝条生长的方向确定，一般花木的芽都应留在枝条的外侧，以便新枝向外生长，使日后株形丰满。

(3)摘芯、摘叶：摘芯是指将植株主枝或侧枝上的顶芽摘除。摘芯可以抑制主枝生长，促使多发侧枝，并使植株矮化、粗壮，株形丰满，增加着花部位和数量。摘芯还能推迟花期，或促使再次开花。

摘叶是指在植株生长过程中，适当摘除部分叶片，目的是为了促进新陈代谢，促进新芽萌发，减少水分蒸腾，使植株整齐美观。如常绿花木以及在生长期进行移栽的花木，均需摘掉少量叶片，以利生长。

(4)除芽：除芽即去掉部分会消耗养分的侧芽，挖掉脚芽。目的是防止分枝过多而造成营养分散，保证主枝获得充分营养，快速成长和孕生花蕾；还可以防止植株过密，防止萌发力强的花木成丛呈灌木状，降低植株的姿态美，影响观赏效果。

(5)剥蕾、疏果：剥蕾是为了使营养集中供应顶蕾开花，保证花朵质量。如山茶、月季、大丽花、菊花、茉莉、牡丹等均应剥除过多的侧蕾。一般以花蕾长到绿豆粒大小时进行剥蕾为宜。

疏果是为了使保留的果实获得充分的营养供给，使果大色美，及早成熟，避免出现隔年结果的现象。如金橘、代代花、佛手、石榴等观果花木，当幼果长到直径约1厘米时，即应摘除一些果形不佳和过小的果实。

(6)折枝和捻梢：折枝和捻梢是为了防止枝条徒长而将枝梢扭曲，使其连而不断，目的在于促进花芽分化。

(7)修根：修根是指在换盆时，将腐朽根、衰老根、枯死根和病虫害根予以剪除，同时将过长根、损伤根和侧根进行适当短剪，以促使萌发更多的须根，这是对植株成活和健壮生长都很重要的一项技术措施。

修剪小技巧：

(1)去掉虫病枝、交错枝、重叠枝，这样可使植株内部更易接受光照，增进空气流通，有利于植株健壮生长。

(2)许多木本花的着花部分都是一两年生的新枝，一般三四年生的老枝必须剪去。

(3)有些在枝梢顶端开花的植株在开花后应进行修剪,以利于继续长出花枝再开花,如月季、茉莉、紫薇、天竺葵等花木。

修根前

修根后

(4)幼苗经修剪后,可形成3~4个分枝,每个分枝再经修剪可形成9~12个分枝的圆球形树冠。

(5)修剪的剪口应在芽的上方1~1.5厘米处,同时要选择好芽的方位,以便调度新枝的方向和位置。疏枝的剪口应在分枝处,剪口要光滑,不要扯破树皮。

(6)平时注意小修,11~12月时全面检查,进行大范围修剪。

土种盆栽的病虫害防治技巧

很多时候不管我们多么用心去呵护一棵心爱的植物，还是会发现它有可能在非正常情况下发生枯黄、落叶、落花等问题，也许大家都能猜到这就是植物的病虫害所致。但具体是什么病、什么虫呢？我们能否在病虫害出现之前就防患于未然呢？一旦出现病虫害，我们应该如何帮助植株恢复健康呢？下面，我们就来了解一些常见的病虫害基础知识。

常见病害防治

炭疽病：

(1)生长季节，发现叶片上产生病斑时，应及早剪除。

(2)发病初期最好的防治方法是药剂防治。常用的药剂为65%的代森锌可湿性粉剂500~600倍液或70%的甲基托布津可湿性粉剂1000~1200倍液喷雾，一般每5~7天喷洒1次，连续喷洒3~4次。

(3)0.2%的小苏打液对炭疽病及其他真菌性叶斑病都有较好的防治效果。

(4)取生姜1份，捣成泥状，加水20倍浸泡12小时，过滤后用滤液喷洒患病植株。

白粉病：

(1)合理施肥，不偏施氮肥。培植健壮花木可提高植株抗白粉病的能力。

(2)在刚开始发病时，用25%的粉锈宁可湿性粉剂1500~2000倍液或80%的代森锌可湿性粉剂500~600倍液喷洒植株，每7~10天喷洒1次，连续喷洒3~4次。

(3)取新鲜韭菜叶50克，捣烂后加水3000毫升，过滤后用滤液喷洒叶面，每3天喷洒1次，连续喷洒3次。

(4)取大蒜头30克，捣烂后加水500毫升，搅拌均匀过滤后取滤液喷洒叶面，每天喷洒1次，连续喷洒3~4次。也可用毛笔或旧牙刷把蒜液涂刷在植物患病处，轻者1次便可治愈，重者2~3次可治好。

(5)先将植株用清水喷湿，后用喷粉器将硫黄粉喷到植株上。有病的地方多喷，反之少喷。

白绢病：

(1)在土壤中拌入1:10体积比的草木灰，或浇施0.33%的石灰水，将pH调高至6.5左右，可减少白绢病的发生。

(2)当病害发生时，用医用氯霉素针剂2000倍水溶液淋施病株，每日1次，连浇3次。发病初期应剪去病叶，并改善通风条件，可控制病情，且防治效果良好。

(3)新芽长出土面后，每周用0.05%的氯霉素水溶液喷施1次，连喷2~3次。如盆土干燥时，可用此药喷施盆土，以预防细菌感染。此外，喷施阿斯匹林1500倍水溶液，可增强植株免疫力，阻止病菌侵入、扩散。

黑斑病：

(1)秋后彻底清除病枝落叶，集中烧毁，以减少侵染源。早春时，应及时修剪植株，使之通风、透光，降低湿度。适当稀植，及时摘除病叶。增施有机复合肥。

浇水时直接浇入土壤，勿湿叶子。

（2）早春发芽前喷洒1:140波尔多液或45%的晶体石硫合剂50～100倍液，或70%的代森锰锌可湿性粉剂600倍液，或70%的甲基托布津可湿性粉剂1000倍液，每10～15天喷洒1次，连续喷洒2～3次，能取得良好的防治效果。

锈病：

（1）选用抗病品种；清洁园地，及时剪除病枝、病叶并集中烧毁；及时排水，适当增施磷、钾、钙肥，增强植株抗病能力。

（2）可在早春发芽前喷洒3波美度石硫合剂。生长期根据发病情况，可喷洒15%的粉锈宁可湿性粉剂液1500～2000倍，或65%的代森锌可湿性粉剂500～600倍液，或97%的敌锈宁可湿性粉剂400倍液，每7～10天喷洒1次，连续喷洒3～4次。

（3）将茶籽饼磨碎，并用开水浸泡一昼夜，然后过滤，用滤液加水稀释100倍喷雾。

根腐病：

（1）加强栽培管理，严防土壤板结积水，增施有机肥，改善土壤酸碱度，提高花木的抗病能力。

（2）发病初期，可用0.3%～0.5%的高锰酸钾溶液喷雾或灌根，每7～10天喷洒1次，连续喷洒2～3次。一般施药时间在上午9时左右和下午4时以后，此时效果较好（注：此药要随配随用）。

（3）将病株挖起，剪除病根部分，将根部放在1%的硫酸铜水溶液中浸泡7分钟，然后用清水冲洗根部，稍晾，趁半干时，喷上硫黄粉，再植入盆中（盆土需经消毒）。

（4）将大蒜捣烂，浸提汁液，加水20～25倍拌匀，过滤后立即喷洒。

根腐病

常见虫害防治

介壳虫：

（1）虫少时，可用软刷或竹片轻轻刷除，或用布蘸上煤油抹杀。

（2）花椒100克，加水1000克，用文火熬煮至500克原液，用时加水200克喷洒。

（3）白酒1份，加水2份，浇洒盆土。要浇透表层土壤；于4月中旬浇1次，后每半月浇1次，连续浇4次。

（4）醋50毫升，棉球浸醋后揩擦花木上的虫体；或用酒精反复擦拭。

（5）用80%的敌敌畏乳油1000～1200倍液均匀喷洒（要求在若虫期）。

蚜虫：

（1）蚜虫零星发生时，可用毛笔蘸清水将虫洗掉；刷下的蚜虫要及时清理干净，以免蔓延。

（2）可用新鲜或干的红辣椒50克，加水300～500克，煮30分钟左右，用纱布过滤，用滤液喷洒植株。

（3）生姜捣烂，加水20倍浸泡12小时后过滤，用滤液每天喷1次，连续喷4～5次。

(4)洗衣粉3~4克,加水100克,搅拌后喷洒植株,连续喷2~3次;或用风油精加水600~800倍液喷洒。

(5)烟草末40克,加水1000克浸泡48小时后过滤,使用时滤液加水1000克,另加洗衣粉2~3克,搅拌均匀后喷洒。

粉虱:

(1)用中性洗衣粉加水稀释400倍,对植株喷洒,每5~6天喷1次,连续喷2~3次。

(2)用浴罩罩住盆花,用80%的敌敌畏乳剂熏蒸;每立方米用2毫升80%的敌敌畏乳剂原液,加水150倍,均匀地洒在盆花行间地面上。熏蒸时将门窗密闭一夜,每5~6天熏1次,连续熏3~4次即可。

(3)利用粉虱对黄色有强烈趋附性的习性,可在植株旁边插一黄色塑料板,并在板上涂黏油,然后振动花枝,使粉虱飞到板上被粘住捕杀。

线虫:

(1)发现病苗,及时拔除,集中烧毁,然后每平方米撒石灰1000克,或3%的呋喃丹颗粒剂50克或5%的洋灭威颗粒剂50克进行病土消毒。

(2)发病初期可用药液灌根,常用药剂有50%的辛硫磷乳油1500倍液,或90%的晶体敌百虫800倍液,或80%的敌敌畏乳油1000倍液,每株灌药液250~500毫升,也可用10%的克线磷施于根际周围。

(3)盆土用锅蒸、炒消毒。

(4)用加水1500~2000倍的乐果或敌敌畏浇入土中。

地老虎:

(1)成虫交尾后将卵产于杂草的茎叶上,清除杂草可消灭虫源。

(2)可用黑光灯诱杀,也可根据成虫的趋化性制作毒饵诱杀。将红糖、醋和水按2:2:5的比例混合后,加入少许90%的晶体敌百虫,然后和炒面拌在一起,放入浅盘并摆在灯下,成虫嗅到香甜味即来争食,在它们钻回土中前即可将其毒死。

(3)用50%的辛硫磷1000倍液喷洒杂草和花木,或用50%的辛硫磷500倍液喷洒土壤表面。

红蜘蛛:

(1)如叶片上有灰黄色斑时,要检查叶背或叶面,发现有虫时,应及时摘除虫叶。

(2)取洗衣粉15克、20%的烧碱15毫升、水7500克,三者混合后喷雾。

(3)点蚊香一盘,置于有虫的盆花中,再用塑料袋连盆扎紧,熏1小时,不论虫卵或成虫均可杀死。

(4)取尿素5克、洗衣粉1克、水50克,三者混合后喷洒,既可杀虫又可作叶面肥。

红蜘蛛

Part 3

盆栽实例

葱兰

别称

葱莲、白花菖蒲莲、玉帘。

习性

喜温暖、湿润的环境，较耐寒，喜阳光，也较耐阴。

形态特征

石蒜科多年生常绿草本植物。根部具有小而长的有皮鳞茎，直径较小，叶基生。叶子如葱，深绿色；花单生、色白，花梗短，花被6片，花期为6～9月份。蒴果近球形。

栽培与养护

1. **光照**：需要充足的光线，但不可烈日直射。一般可在上午10点前，下午4点后接受光照。
2. **温度**：生长适温为18～30℃。
3. **土壤**：喜疏松、肥沃、透气性良好的土壤。
4. **浇水**：需保持适当湿度，夏天可每天浇水，冬天可不浇水。
5. **施肥**：生长季每月施1次液肥，开花前追施1次磷肥。
6. **繁殖**：以分株繁殖和播种繁殖为主。

葱兰盆栽可以摆放在通风透气的客厅、书房等地方，不适宜摆放在有阳光猛烈直射的阳台上。

 观赏性土种盆栽

雪铁芋

别称

金币树、金钱树、泽米叶天南星。

习性

喜温暖稍干的环境,耐阴、耐旱,怕高湿、低温。

形态特征

金钱树是多年生常绿草本植物,株高30~50厘米,地下长有浅黄色、肥大的块茎。主枝四散型生长;羽状复叶从块茎顶端抽生,叶色浓绿,叶片椭圆形,叶质肥厚。

栽培与养护

1.光照:喜光又耐阴,忌烈日强光暴晒和直射。初夏雨后和夏天正午前后应避开强光暴晒,不然会被灼伤。

2.温度:生长适温为22~32℃。

3.土壤:以疏松、肥沃、排水良好、富含有机质的酸性至微酸性壤土为佳。

多用泥炭、粗沙或冲洗过的煤渣与少量园土混合配制成栽培基质。

4.浇水：比较耐旱，盆土要以偏干为好，过湿容易导致根系腐烂，浇水可"见干再浇"。春秋季每周浇1次，夏季每3天浇1次，冬季每半个月浇1次(也可以用喷水的方式代替浇水，特别是在冬季严寒时节)，每次的浇水量不可过多。

5.施肥：可施用含氮、磷、钾的复合肥，一般每10天施肥1次。可随水追施，如施用缓释性肥料更佳。冬天不宜施肥，以免伤根。

6.繁殖：多采用扦插繁殖。

摆放技巧

金钱树生长比较慢，可以作为中小型盆栽观赏，也可以组合成大型拼盆，选择性较多。将金钱树盆栽摆放在宽阔的办公室、客厅、书房、阳台等场所，不但旺气生财，寓意吉祥，而且能使环境显得格调高雅、质朴。

观赏性土种盆栽

朱顶红

别 称

百枝莲、朱顶兰、孤挺花。

习 性

喜温暖、湿润和阳光充足的环境。

形态特征

多年生草本植物。鳞茎肥大,近球形。叶从鳞茎抽生,叶片6~8枚,呈带状,扁平,淡绿色。花茎也从鳞茎抽出,绿色,粗壮、中空。伞形花序着生花茎顶端,喇叭形,着花2~4朵,花色有红色、红色带白条纹、白色带红条纹等。花期为夏季。

栽培与养护

1.光照：喜光但怕暴晒,生长期不要强光直射,夏季宜放在半阴处。每周要转动花盆180度,避免偏冠。

Part 3 盆栽实例

2.温度：生长适温为18～25℃。冬季为休眠期，温度以10～12℃为宜，不得低于5℃。

3.土壤：以富含腐殖质而排水良好的砂质壤土为佳。盆栽时可用由园土3份、沙土3份和泥炭土4份配制成的培养土，或直接用花市上出售的酸性培养土。

4.浇水：栽后浇透水，盆土要经常保持湿润，尤其是空气干燥、水分蒸发快时要保证供水；但盆土要"见干见湿"，10月份后应减少浇水量，以免枝叶徒长，影响越冬。

5.施肥：可用饼肥、骨粉或复合肥，施后要覆一层土。平时每10天左右施1次以磷、钾为主的肥料，少施氮肥。花后还要施1～2次以磷、钾为主的液肥，促进鳞茎生长。冬季休眠期要停止施肥。

6.繁殖：多采用播种繁殖和分株繁殖。

摆放技巧

朱顶红是优良的盆栽观花植物，适合摆放在阳台、客厅、卧室等处供观赏，也适合摆放在露地庭院以形成群落景观，在园林绿化中多植于路边、山石旁、池畔以美化环境。

观赏性 土种盆栽

袖珍椰子

别 称

矮生椰子、袖珍棕、矮棕。

习 性

喜温暖、湿润的半阴环境。

形 态 特 征

常绿小灌木,外形小巧玲珑,酷似热带地区的椰子树。盆栽高度一般不超过1米。植株茎干直立,不分枝,上面长有不规则花纹。叶子细长,由茎顶部生出,叶色浓绿光亮。春季开花,花黄色,呈小珠状。

栽 培 与 养 护

1. 光照:喜半阴环境,最好放在明亮的散射光下。强烈的阳光暴晒会使叶色变得枯黄,而长期光照不足则会使植株变得瘦长。

Part 3 盆栽实例

2. 温度：生长适温为 20～30℃，13℃时进入休眠期。

3. 土壤：以排水良好、湿润、肥沃的壤土为佳。盆栽时一般用由腐叶土、泥炭土加 1/4 河沙和少量基肥配制成的基质。

4. 浇水：坚持"宁干勿湿"原则，盆土经常保持湿润即可。夏秋季空气干燥时，要经常向植株喷水，可保持叶面深绿且有光泽；冬季适当减少浇水量，以利于越冬。

5. 施肥：一般生长期每月施 1～2 次液肥，秋末及冬季稍施肥或不施肥。

6. 繁殖：一般采用种子繁殖。

摆放技巧

袖珍椰子株形优美，耐阴性强，极具热带风情，是优良的室内中小型盆栽观叶植物。小型袖珍椰子盆栽宜点缀客厅、书房，大型袖珍椰子植株可供厅堂、会议室、候机室等处陈列摆设。

观赏性 土种盆栽

春兰

别 称

朵朵香、双飞燕、草兰、草素、山花、兰花。

习 性

喜凉爽、湿润和通风透光的环境。

形 态 特 征

春兰根簇生，肉质，圆柱形；叶丛生而刚韧，叶片狭长而尖，边缘粗糙；花单生，花莛直立，花淡黄色、芬芳，花瓣卵状披针形，萼片呈三角形散开，花期为2~3月份。

栽培与养护

1. **光照**：忌高温、干燥和阳光直晒。
2. **温度**：生长适温为15~25℃，北方冬季应在温室栽培。
3. **土壤**：需要排水良好、富含腐殖质、呈微酸性的土壤。
4. **浇水**：春季气温低，兰花尚未开始生长，浇水量宜少；夏秋季兰花生长旺盛，浇水量宜多；秋后天气转凉，浇水酌减；冬季休眠，浇水次数宜减，水量也少。
5. **施肥**：盆栽春兰特别忌用生肥、浓肥、大肥，尤其是高浓度的化肥，极易造成肉质根脱水坏死，应尽量使用沤制过的稀薄有机肥，或使用兰花专用肥，切实做到薄肥勤施。
6. **繁殖**：多采用分株繁殖和播种繁殖。

摆放技巧

春兰在南方地区比较常见，作为花坛、庭院、墙角等处的美化观赏植物。春兰盆栽在全国大部分地区都能适应，可以作为酒楼、宾馆、公司、商店的装饰物；在家居装饰中，摆放在客厅、书房最为适宜。

观赏性 土种盆栽

也门铁

别 称

也门铁树。

习 性

喜高温、多湿的环境,极耐阴,不耐寒。

形 态 特 征

常绿小乔木,茎杆直立,株高可达4米。叶片苍翠碧绿,宽长似剑,中间有一道金黄色的宽条纹,自然弯曲,呈弓形。圆锥花序生于枝端,由许多白色的小花组成。

栽培与养护

1. 光照：喜半阴，最好放在光线明亮、有散射光的地方养护，夏季要避免阳光直射。
2. 温度：生长适温为20~28℃。
3. 土壤：以疏松、肥沃、排水良好的砂质壤土为佳。盆栽时可用腐叶土、塘泥等栽培，也可用由塘泥加适量菇渣混合配制成的栽培基质。
4. 浇水：生长期宜保持土壤湿润。天气炎热时需每天向叶面喷雾保湿，"见干见湿"为宜，冬季适当控水。
5. 施肥：每10天施肥1次，以含氮的复合肥为佳。注意施肥和浇水相结合，防止烧根。
6. 繁殖：多采用组织培养繁殖，也可以扦插繁殖。

摆放技巧

也门铁叶姿优美，格调高雅，且有净化空气的作用，是室内盆栽中最为耐阴的一类观赏植物。一般家庭可以将它摆放在客厅、卧室、书房内，显得格调高雅、质朴。

观赏凤梨

别 称

凤梨花、菠萝花。

习 性

喜高温、多湿、半阴的环境,不耐寒。

形态特征

凤梨科多年生草本植物,株型秀美,四季常青。叶片弯曲修长,叶色多样,叶片从主茎生长,并向四处散开,呈莲台状分布。

栽培与养护

1.**光照**:观赏凤梨喜半阴环境,忌阳光直接照射。夏季不要将观赏凤梨置于太阳底下,要适当遮阳,冬季要适当增加温度。

Part 3 盆栽实例

2.温度：生长适温为22~25℃，冬季低于15℃时即停止生长。喜阳光，但光照强烈时需遮阳。

3.土壤：要求基质疏松、透气、排水良好，pH呈酸性或微酸性。培养土可用3份草炭加1份沙、1份珍珠岩配制。

4.浇水：夏秋是生长旺季，每1~3天浇水1次，每天叶面喷雾1~2次。冬季应少喷水，保持盆土湿润，叶面干燥。

5.施肥：观赏凤梨对磷肥较敏感，施肥时应以氮肥和钾肥为主，氮、磷、钾比例以10:5:20为宜，浓度为0.1%~0.2%，生长旺季每1~2周施1次肥，冬季每3~4周施1次肥。

6.繁殖：有多种繁殖方法，其中最常用的是播种繁殖、分株繁殖和扦插繁殖。

摆放技巧

观赏凤梨可以放在直通客厅的玄关位置，以缓和空间布局，还可以摆放在阳台、客厅等地方，但一般不宜摆放在洗手间等冲泄比较频繁的位置。

观赏性土种盆栽

网纹草

别 称

费道花、银网草。

习 性

喜高温、多湿的半阴环境。

形 态 特 征

多年生常绿草本植物，在观叶植物中属小型盆栽植物。叶子对生，卵圆形，红色叶脉纵横交替，形成匀称的网状。茎、叶柄、花梗长有茸毛，花黄色。有白网纹草和红网纹草，两者的区别在于叶脉的颜色不同。

栽培与养护

1.光照：以散射光为佳，忌直射光，耐阴性较强，最好放在光线明亮的窗边。夏季以50%～60%遮光率最适宜；冬季需充足的阳光，中午时稍遮阳保护，雨雪天还应增加辅助光。

2.温度：生长适温为18～24℃，冬季温度不宜低于13℃。

3.土壤：以富含有机质、通气保水的砂质壤土为佳。也可用泥炭种植，有助于根部经常保持湿润。

4.浇水：必须做到适时、适量浇水。如果盆土完全干掉，叶子就会卷起来或脱落；如果太湿，茎又容易腐烂。因为网纹草的根系较浅，所以等到表土干时就要进行浇水，而且浇水的量要稍加控制，使培养土稍微湿润即可。

5.施肥：对于生长旺盛的植株，每半个月可施1次以氮为主、低于正常浓度一半的复合肥。

6.繁殖：可采用扦插繁殖和分株繁殖。

摆放技巧

网纹草姿态轻盈小巧，叶色淡雅，纹理匀称，常被用作室内小型绿植，用于点缀窗台、阳台等处。

观赏性土种盆栽

建兰

别称

雄兰、骏河兰、剑蕙、四季兰。

习性

喜温暖、湿润的半阴环境，耐寒性差，不耐水涝和干旱。

形态特征

多年生兰科草本植物，根长，叶肥，多海绵质。叶丛生，线状披针形，暗绿色。花瓣较宽，形似竹叶状。叶间抽出总状花序，花多莛长，花瓣较萼片稍少而色淡，唇瓣卵状矩圆形，全缘，绿黄色，有红斑或褐斑。

栽培与养护

1. 光照：怕强光直射。如果露天栽种，夏季应遮阳。
2. 温度：生长适温为15～23℃，北方冬季要入温室养护。
3. 土壤：宜用疏松、肥沃和排水良好的腐叶土，或有机质丰富、透气性好、排水性能强的土壤。
4. 浇水：以每2～4天浇1次水为宜，坚持"宁干勿湿"原则，浇水的频率要因地制宜。
5. 施肥：坚持"因兰制宜、看苗定肥、宁淡勿浓、适时薄施"的原则。一般每15天施肥1次，在根外施肥的前后两天用清水喷洒叶面1次，以冲洗尘土和药液残渣。
6. 繁殖：一般采用分株繁殖。

摆放技巧

建兰适宜栽种在通风、透光、阴凉的环境中，阳台、客厅、花架和明亮通风的洗手间都是不错的选择；不能摆放在有阳光直射或阴暗的地方。建兰不宜长时间摆放在室内养护，特别是干燥、通风不良的空调底下。

观赏性 土种盆栽

香菇草

别 称

铜钱草、南美天胡荽、金钱莲、水金钱。

习 性

喜光照、温暖的环境，耐阴、耐湿，稍耐旱。

形 态 特 征

多年生匍匐草本植物。茎细长，枝叶丛生，节间长出根和叶。叶柄较长，直直的根茎上顶着一片圆圆的叶片，叶缘带有滚边，叶面油亮翠绿，富有光泽。夏秋季开黄绿色小花，蒴果近球形。

栽培与养护

1.光照：喜光照，栽培时不宜置于阴暗的地方。光线过暗则植株徒长，生长不良，以每日接受4~6小时的光照为佳。

2.温度：生长适温为22～30℃，越冬温度不宜低于5℃。

3.土壤：以保水性良好的壤土为佳。盆栽时可选用由腐叶土、河泥及田园土配制成的基质。栽培时宜选用无孔花盆，也适合水盆、水池栽培。

4.浇水：经常保持盆土湿润。水养时一定要每周换水，并添加观叶植物专用营养液。

5.施肥：喜肥。生长期每10天施肥1次，肥料不宜过浓，以氮肥为主，配施磷、钾肥。冬季停止施肥。

6.繁殖：通常采用分株繁殖。

摆放技巧

香菇草生长迅速，成形较快，适合小盆栽种，宜摆放在客厅、饭厅、卧室、书房等处；也可于水体、岸边丛植、片植，是庭院水景造景，尤其是景观细节设计的好材料。

观赏性 土种盆栽

郁金香

别 称

洋荷花、草麝香。

习 性

喜冬季温和，夏季凉爽、稍干燥的环境。

形 态 特 征

多年生球根植物，鳞茎扁圆锥形。茎、叶光滑，叶带状披针形，3~5枚，全缘并呈波状，顶端常有少许毛。花单生茎顶，花大艳丽，杯状，有红色、黄色、橙色、紫色、粉色等，还有条纹和重瓣品种。花于白天开放，夜晚闭合。花期为4~5月份。

栽培与养护

1.光照： 喜强光，光照是影响郁金香开花的重要因素。在栽培过程中，应该保证植株每天接受不少于8小时的直射光照，这样有助于郁金香积累更多的光合产物，不仅保证植株生长良好，也能保证花朵正常开放。

2.温度：生长适温为17～22℃，最高不得超过28℃。8℃以上即可正常生长，一般可耐-14℃低温。休眠期以20～25℃为佳。

3.土壤：喜肥沃、疏松、富含腐殖质、排水良好的砂质壤土，在高密度土、贫瘠土中生长不良。

4.浇水：郁金香喜微潮偏干的土壤环境。当植株现蕾后，可适当加大浇水量，以促使花莛抽生，这样能使植株的观赏价值更高。在郁金香的整个花期管理过程中，应该坚持"气温低少浇水、气温高多浇水"原则。

5.施肥：在郁金香的花期控制中，通常可在其长出2～3枚叶片或花莛抽生后，分别追施富含磷、钾的稀薄液体肥料1次，这样基本能够保证郁金香正常开花。

6.繁殖：通常采用分株繁殖，以分离小鳞茎法为主。

摆放技巧

郁金香适合地栽，是布置花坛、花园的优良花卉。可以将郁金香盆栽放在天台、阳台、窗台，或者通风透光的客厅里作为装饰。

观赏性 土种盆栽

皱叶椒草

别称

皱叶豆瓣绿、四棱椒草。

习性

喜温暖、湿润的半阴环境，不耐寒，怕高温，不耐干旱。

形态特征

多年生常绿草本植物。茎短，株高20～25厘米。叶片肥厚光亮，呈心脏形，色泽褐红。叶面有皱褶，呈波浪状起伏，皱褶基部几乎为黑色。花梗红褐色，穗状花序白色或淡绿色，长短不等，在春末至秋季开放。

栽培与养护

1.光照：喜半日照或明亮的散射光，光线太强会使叶片颜色变黄，太弱则会使叶片失去光泽。冬季可放在阳光充足的地方。

2.温度：生长适温为25～28℃。

3.土壤：以排水良好的腐叶土为宜。可用由园土、腐叶土、河沙等混合配制成的疏松培养土，并可加入少量的饼肥作基肥。

4.浇水：生长期保持盆土湿润而不积水，注意宁少勿多，否则会因土壤过湿引起根部腐烂。

5.施肥：生长期可每月施肥1次，肥料宜用充分腐熟的饼肥水或以氮肥为主的稀薄液肥。施肥时，避免与叶面接触。

6.繁殖：可采用分株繁殖和扦插繁殖。

摆放技巧

皱叶椒草叶片光亮素雅、清新别致，是优良的室内观叶佳品，常用来点缀书桌、架子和阳台，也适宜摆放在办公室、写字楼、宾馆、酒楼等场所，作为装饰盆栽。

观赏性土种盆栽

球兰

别称

爬岩板、草鞋板、狗舌藤。

习性

喜高温、多湿的半阴环境，忌阳光暴晒。但在过高的温度、湿度及通风不良的环境里生长易腐烂。

形态特征

多年生常绿藤本状草本植物。茎节具气生根，茎蔓可达200厘米以上，可附着他物生长。叶全缘、对生、肥厚多肉，卵形或卵状长圆形。伞形花序腋生，常聚集成球形。花白色，花心淡红色，花期为5~9月份。

栽培与养护

1.光照：喜光，但忌夏秋季节的强光，在此期间应遮光养护；在阳光不强的季节可见全光，有利于球兰生长发育。

Part 3 盆栽实例

2.**温度**：生长适温为15～28℃。

3.**土壤**：对土壤要求不高，以肥沃、透气、排水良好的土壤为佳。栽培用土可用腐叶土（泥炭土、山泥）与珍珠岩混合配制。

4.**浇水**：球兰喜湿润，但忌盆土积水。生长期除浇水要见干见湿外，还需经常向叶面喷水。夏季浇水要充足，同时要注意增加空气湿度，以利于植株健壮生长。

5.**施肥**：对肥料要求不高，一般以每月施肥1次为宜，以复合肥为佳。斑叶品种如果施氮肥过多，叶斑会转为绿色。

6.**繁殖**：常采用扦插繁殖和压条繁殖。

摆放技巧

客厅、书房均可摆放，南向阳台尤为适合。

观赏性 土种盆栽

孔雀木

别称

手树。

习性

喜温暖、湿润的环境，不耐寒。

形态特征

常绿灌木或小乔木，株高可达3米。叶面革质，暗绿色，形似一根根细长的手指，叶缘上有向上的粗锯齿。小叶7~11片，呈放射状着生，交错排列。老株的成熟叶片会逐渐变大、变绿，叶缘锯齿不明显。

栽培与养护

1. 光照：夏季要适当遮阳，秋冬季要多晒太阳。
2. 温度：生长适温为18~23℃，冬季温度应不低于5℃，使植株免受冻害。
3. 土壤：以肥沃、疏松的壤土为佳。盆栽培养土可用腐叶土、园土、河沙混合配制。
4. 浇水：生长期浇水量要适宜，忌过干或过湿，最好在盆土稍干时再彻底浇水，坚持"见干见湿"原则。在天气较炎热的季节，应向植株喷雾保湿。
5. 施肥：生长期每半个月施肥1次，最好以稀薄饼肥水及有机肥交替施用。秋季增施磷、钾肥，增加其抗寒力。冬季生长缓慢，应适当控水并停止施肥。
6. 繁殖：一般采用扦插繁殖。

摆放技巧

孔雀木树形和叶形优美，非常雅致，大型盆栽适合摆放在客厅、卧室、窗台一隅，小型植株可放在案几、书桌上。

观赏性 土种盆栽

三角梅

别 称

九重葛、毛宝巾、三角花、叶子花、叶子梅。

习 性

喜温暖、湿润、阳光充足的环境，不耐寒，不耐阴，耐碱、耐旱，怕积水。

形 态 特 征

常绿攀缘灌木，株高100～200厘米。老枝褐色，小枝青绿色，有枝刺。单叶互生，卵状或卵状椭圆形，全缘。花顶生，花小，淡红色或黄色，常3朵簇生于3枚较大的苞片内，苞片有紫色、红色、橙色、白色及复色等。花期为11月份至次年6月份。

栽 培 与 养 护

1.光照：三角梅属于短日照花木，每天光照时间控制在9小时左右。生长期光线不足会导致植株长势衰弱，影响孕蕾及开花，因此应摆放在光照充足的地方；冬季应摆放于南向窗前，且光照时间不能少于8小时，否则易出现大量落叶。

2.温度：生长适温为15～30℃，夏季能耐35℃的高温；冬季应维持不低于5℃的环境温度，否则易受冻、落叶。温度在3℃以上才可安全越冬，15℃以上方可开花。

3.土壤：喜疏松、肥沃的微酸性土壤，忌水涝。盆栽时可用由腐叶土、泥炭土、沙土、园土各1份混合配制成的培养土，并加入少量腐熟的饼渣作基肥。

4.浇水：春秋季应每天浇水1次，夏季可每天早晚各浇1次水。冬季温度较低，植株处于休眠状态，应控制浇水频率，以保持盆土湿润为宜。

5.施肥：生长旺盛期每7天施腐熟饼肥水1次，加速花芽分化。当叶腋出现花蕾时，可多施肥，以磷、钾肥为主。夏季盛花期每3～5天施1次矾肥水，每7天喷1次0.3%的磷酸二氢钾。平时每8～10天以肥代水，用矾肥水或饼肥水浇施。

6.繁殖：多采用扦插繁殖、压条繁殖和嫁接繁殖。

摆放技巧

三角梅花期长，是南方园林常用的绿化树种，适合作围墙的攀缘花木。三角梅盆栽可用于装饰门廊、阳台、天台、庭院和厅堂入口处。

清香木

别称

细叶楷木、香叶子。

习性

喜温暖、光照充足的环境，稍耐阴，萌发力强，生长缓慢，寿命长。

形态特征

常绿灌木或小乔木。根系发达，主干多分枝，带有淡淡的清香，野外生长可以长至2~8米。全株枝叶浓密，叶为偶数羽状复叶，叶片从枝桠的叶柄上长出，呈椭圆形。挂果期为8~10月份，果红色。

栽培与养护

1. 光照：对光照的适应性强，同时也耐阴。家庭养护时，以半阴、半阳的环境为佳。

2. 温度：生长适温为15～28℃。

3. 土壤：以疏松、肥沃、排水良好的土壤为佳。栽培时可用由壤土、腐殖土、泥炭土按1∶1∶1的比例混合配制成的营养土。

4. 浇水：坚持"不干不浇，浇则浇透"原则，待盆土干透再浇。冬天应减少浇水量。

5. 施肥：在养护期间，每年追3～4次肥。幼苗尽量少施肥甚至不施肥，避免因肥力过足导致烧苗或徒长。

6. 繁殖：主要采用种子繁殖，也可采用扦插繁殖。

摆放技巧

清香木叶终年常绿，叶色翠绿发亮，栽培容易，并且伴有淡淡的清香，适合观赏，宜摆放在窗台、阳台等通风透光处。园林绿化中，常用作盆景造型或露地布置材料。

蕙兰

别 称

九节兰、九华兰、夏兰、九子兰。

习 性

喜冬季温暖、夏季凉爽的环境，喜高湿、强光。

形态特征

多年生常绿草本植物。基部常对折而呈"V"字形，叶脉透亮，叶片深长，花莛从叶丛基部最外面的叶腋抽出，花苞片线状披针形，花常为浅黄绿色，唇瓣有紫红色斑，有香气。花期为3~5月份。

栽培与养护

1.光照：蕙兰盆栽应放在向阳的位置，使它能常年得到充足的光照。除了夏季、初秋要用遮阳网遮挡中午前后的烈日暴晒外，其余季节都可以让阳光直晒，以增强光合作用，加速养料制造，促进植株生长。

2.温度：生长适温为10~25℃，冬季应放在低温温室内养护，当夜间温度在10℃左右时长势良好。

3.土壤：栽培蕙兰所需的土壤要疏松、透气。单独使用腐叶土、菜园土、风化石土均可，如和锯末、谷糠、粗煤渣和碎花生壳之类混合使用更好。

4.浇水：非常喜湿，在春、夏、秋三季，给予根部充足的水分，还应经常向叶面喷水。蕙兰是肉质根系，需要保持良好的湿度，但不宜浇水太勤，盆土排水性要好，不宜积水。

5.施肥：用淡复合肥水每半月或一月喷洒叶面1次。

6.繁殖：常采用分株繁殖。

摆放技巧

向阳的窗台和阳台是蕙兰摆放的首选位置，客厅里应摆放在有灯光照射的地方。蕙兰也可以作为观赏花卉摆放于酒楼和宾馆的大堂之上，具有很好的视觉效果。室内阴暗、干燥的位置不利于它生长。

观赏性 土种盆栽

马齿苋树

别 称

金枝玉叶树、银杏木、小叶玻璃翠。

习 性

喜温暖、干燥和阳光充足的环境，不耐寒，耐半阴、干旱。

形 态 特 征

多年生常绿肉质灌木。嫩茎绿色；老茎浅褐色，阳光下呈玫瑰红色；节间明显，分枝近水平。叶片对生，肉质，呈倒卵状三角形。叶面光滑鲜亮，富有光泽。小花淡粉色。

栽 培 与 养 护

1.**光照**：宜在室外光照充足、空气流通处养护，可使株形紧凑，叶片光亮、小而肥厚。夏季高温时可适当遮阳，以防烈日暴晒，并注意通风。

2.温度：生长适温为20～32℃，冬季温度不低于10℃。

3.土壤：对土壤要求不高，以排水良好的砂质壤土为佳。盆栽时多选用腐叶土，也可用泥炭加适量珍珠岩配制成的营养土。

4.浇水：生长期需水量稍大，须做到"不干不浇，浇则浇透"，避免盆土积水。冬季要严格控制水分，使盆土略显干燥。

5.施肥：对肥料要求不高，每半个月施1次以氮肥为主的肥料，也可施用有机肥。

6.繁殖：主要采用扦插繁殖。

摆放技巧

马齿苋树造型容易，多分枝，老茎苍劲、古朴，适合摆放在客厅、书房、卧室、阳台等处。将它栽于小盆中，配以奇石，即可成为玲珑可爱、精巧别致的微型盆景。

观赏性土种盆栽

凌霄花

别 称

紫葳、上树龙。

习 性

适应性较强,喜温暖、湿润的环境。

形 态 特 征

紫葳科薄叶木质藤本植物,借气生根攀援他物向上生长。叶对生,奇数羽状复叶,枝繁叶茂。夏秋季开花,花序顶生,裂片半圆形,着生在花冠上,花冠漏斗状钟形。

栽 培 与 养 护

1.光照:怕高温和强光,如果夏季摆放在向阳的阳台,正午需要适当遮阳。喜温暖、湿润,所以冬季要在保持盆土湿润的同时,让植株尽量接受阳光照射。

2.**温度**：生长适温为15～25℃，冬季温度不低于5℃；夏季温度达30℃时生长极为缓慢，达35℃时大批枯萎死亡。

3.**土壤**：对土壤要求不高，砂质壤土、黏壤土均可。

4.**浇水**：凌霄花喜湿，早期管理要注意浇水，后期管理可适当粗放，花期要保持一定湿度。盆土不宜偏干，但也不能过湿，每天傍晚浇水至表土湿润即可。

5.**施肥**：凌霄花喜肥。春季发芽后就要加强水肥管理，并进行适当疏剪，去掉枯枝和过密枝，使树形合理，利于生长。一般每月施1~2次液肥。植株长到一定程度后，要设立支杆，搭好支架任其攀附。开花之前施一些复合肥、堆肥，并进行适当灌溉，促使植株生长旺盛、花蕾饱满。夏季现蕾后要及时疏花，并施1次液肥，则花大而鲜丽。

6.**繁殖**：主要采用扦插繁殖和压条繁殖。

摆放技巧

在有独立庭院或者天台的住宅，凌霄花适宜作为家居攀援绿化花木栽种，可以营造出一种天然的绿色阴凉环境。经过人工繁殖之后，凌霄花亦可盆栽。凌霄花一般不宜摆放在室内，多放在阳台上，可使阳台变成一道悦目的篱笆屏障。

观赏性 土种盆栽

兴旺竹

别称

罗汉柴、大果竹柏。

习性

喜温暖的环境，不耐湿，亦不耐旱，稍耐寒。

形态特征

常绿乔木，由野生的竹柏经人工培植而成。树干通直，树皮褐色，枝桠横生。叶子交叉对生，形状像竹叶，上面长有许多并列细脉。种子核果状，圆球形。

栽培与养护

1. 光照：属耐阴树种，不能在太阳下直接暴晒，否则根茎会发生日灼或枯死现象。
2. 温度：生长适温为18~26℃。
3. 土壤：在深厚、疏松、湿润、多腐殖质的砂质壤土或轻黏土上生长较为迅速。
4. 浇水：保持盆土湿润，不可过于湿涝，最好在表土稍见干时浇透水。冬季如果温度低于15℃，则需等表土干燥后再浇透。
5. 施肥：坚持少量多次原则，最好施用酸性肥料，而且最好是浇灌液肥。
6. 繁殖：常采用播种繁殖和扦插繁殖。

摆放技巧

兴旺竹常年翠绿旺盛，一般家庭可以把它作为家居绿化植物摆放在阳台、客厅等处。兴旺竹大型植株适宜作为道路绿化树种，或在小区、庭院栽种，是优良的庭院绿化观叶树种。

观赏性 土种盆栽

蟹爪兰

别　称

蟹爪莲、锦上添花、圣诞仙人掌。

习 性

喜半阴、湿润、温暖的环境。

形 态 特 征

附生性小灌木。叶状茎扁平多节，肥厚，卵圆形，鲜绿色，先端截形，边缘具粗锯齿。花着生于茎的顶端，花色有淡紫色、黄色、红色、纯白色、粉红色、橙色和双色等。花期为9月份至翌年4月份。

栽 培 与 养 护

1.光照：室外宜放置于散射光下或半阴处；室内可置于向阳处，不能暴晒；冬季放置于室内，注意保温、通风。

Part 3 盆栽实例

2.温度：生长适温为18~22℃，越冬温度不要低于8℃。

3.土壤：喜肥沃、疏松和排水良好的砂质壤土。盆栽时可用由等量煤渣灰、腐叶土、河沙混合配制成的培养土，不能用黏重土壤。

4.浇水：生长期浇水要适度，忌积水，以保持盆土湿润为宜。盛夏植株进入短时间的休眠期，盆土宜干，但可每天向植株叶面喷水。冬季也应少浇水，浇水宁少勿多。

5.施肥：4~6月份每半月施1次薄肥，盛夏停止施肥。入秋后至开花前，每周施1次以磷、钾为主的液肥，开花前再增施速效磷肥（0.2%的磷酸二氢钾）。开花后至长出新芽前，停止施肥。

6.繁殖：一般采用扦插繁殖和嫁接繁殖。

摆放技巧

蟹爪兰盆栽可摆放于窗台、阳台等处供观赏。

苏铁

别 称

铁树、凤尾蕉、凤尾松、避火蕉。

习 性

喜暖热、湿润的环境，不耐寒冷，稍耐半阴，生长甚慢。

形 态 特 征

常绿木本植物，株高可达2米，全株呈伞形。茎干圆柱状，不分枝。叶从茎顶部生出，分为营养叶和鳞叶。营养叶阔大呈羽状，大鳞叶短而细长。雌雄异株，花形各异；雄花长椭圆形，雌花扁圆形。它的花其实就是种子。

栽培与养护

1.光照：喜光照，四季均需放在阳光充足处养护。盛夏高温时宜放置在通风的阴凉处；新叶抽生期也不宜放于烈日下暴晒，否则叶片会灼伤、枯黄。

2.温度：生长适温为20～30℃，越冬温度不宜低于5℃。

3.土壤：以肥沃、疏松、微酸性的砂质壤土为佳。盆栽时可用由腐叶土、田园土加适量河沙混合配制成的营养土。

4.浇水：春夏季为苏铁生长的旺盛季节，要保持土壤湿润，并经常向植株喷水，增加空气湿度。特别是新叶抽生时，宜保持较高的空气湿度。冬季控水，不可过湿。

5.施肥：对肥料要求不高，每半个月施肥1次，复合肥及有机肥交替施用。冬季停止施肥。

6.繁殖：可采用播种繁殖和分株繁殖。播种繁殖生长速度慢，现多采用分株繁殖。

苏铁树形古雅，主干粗壮，四季常青。幼株常作为室内盆栽观赏，适合摆放在客厅、书房、阳台等处；大型盆栽可以用来布置庭院、走廊。

观赏性土种盆栽

含笑花

别 称

香蕉花、含笑梅。

习 性

喜温湿，不甚耐寒，长江以南背风向阳处能露地越冬。

形态特征

木兰科常绿灌木或小乔木。树干多分枝，冠状树形。单叶互生，叶椭圆形，嫩叶翠绿。初夏开花，花色象牙黄。花开时，如含笑状，所以它被称作含笑花。花朵有股香蕉气味，所以它又被称作"香蕉花"。

栽培与养护

1. 光照：夏季宜半阴环境，不耐烈日暴晒。
2. 温度：生长适温为18~30℃。
3. 土壤：盆栽时宜用酸性及排水良好的土壤，最好带土团移植，有利于含笑花生长。
4. 浇水：平时要保持盆土湿润，但又不宜过湿。因其根部多肉质，如浇水太多或雨后盆涝会造成烂根，故阴雨季节要注意控制湿度。生长期和开花前需较多水分，每天浇水1次；夏季高温天气须向叶面喷水，以保持一定空气湿度。秋冬季节因日照偏短，每周浇水1~2次即可。
5. 施肥：含笑花喜肥，多以腐熟饼肥、骨粉、鸡鸭粪和鱼肚肠等沤肥掺水施用。在生长期（4~9月份）每隔15天左右施1次肥，花期和10月份以后停止施肥。若发现叶色不明亮、不浓绿，可施一次矾肥水。
6. 繁殖：以扦插繁殖为主，也可采用嫁接繁殖、播种繁殖和压条繁殖。

摆放技巧

含笑花盆栽一般摆放在没有阳光直接照射的地方，在室内客厅的案几上，一般摆放株型娇小的含笑花。含笑花一般不宜摆放在空间太小的卧室内，因为它的花香会影响人的睡眠质量。

观赏性 土种盆栽

薄荷

别 称

夜息香、水益母、野仁丹草、见肿消。

习 性

喜温暖、潮湿和阳光充足、雨量充沛的环境。

形 态 特 征

多年生草本植物,茎叶带有特殊香味。茎直立,高30～60厘米,下部数节长有纤细的须根和水平匍匐的根状茎。叶片的形状有卵圆形、椭圆形等,叶色有绿色、暗绿色和灰绿色等。花很小,淡紫色,唇形,花后结棕色的小粒果。

栽培与养护

1. 光照：薄荷为长日照作物，喜阳光，不宜种在荫蔽的地方。
2. 温度：生长适温为20～30℃。
3. 土壤：以土层深厚、疏松、肥沃、富含有机质的壤土或半沙壤土为佳。培养土可用园土、粗黄沙、泥炭、有机肥混合配制。
4. 浇水：植株生长初期和中期水分需求较多，现蕾开花期需求较少，平时需要保持盆土偏湿。
5. 施肥：以氮肥为主，磷、钾肥为辅，薄肥勤施。
6. 繁殖：一般采用根茎扦插繁殖，也可采用种子繁殖。

摆放技巧

薄荷对生长环境要求不高，栽培容易，具有医用、食用以及观赏等多重功能。可以把它作为室内小型绿化盆栽，摆放在窗台、几案等处。

观赏性 土种盆栽

君子兰

别 称

大叶石蒜、剑叶石蒜、达木兰。

习 性

喜半阴、湿润的环境。怕炎热，不耐寒。

形态特征

石蒜科多年生草本植物。株型疏朗，主茎分根茎和假鳞茎两部分，肉质根白色，不分枝。叶片对生，层叠生长，叶面犹如打过一层蜡。花序顶生，花呈伞形排列，花茎扁平、肉质、实心；小花有柄，漏斗状，花色多样。种子大，球形。

栽培与养护

1.光照：君子兰是喜欢湿润的植物，适宜在高湿度环境下生长，但对光照要求不高。虽然良好的光照能够保证君子兰花色鲜艳，但它还是喜欢稍微弱一些的光线，所以一定要避免强光直射。

2.**温度**：生长适温为18～28℃；温度在10℃以下或30℃以上时，生长受抑制。

3.**土壤**：喜深厚、肥沃、疏松的土壤，适宜在疏松、肥沃的微酸性有机质土壤内生长。

4.**浇水**：不干不用浇水，浇水则要浇透，不能一次只浇一点。浇水时间最好是早上或者晚上。夏季中午，气温很高，不宜浇水。浇水要避开花心，以免造成烂心。

5.**施肥**：一般不需要经常施肥。花期应加施1次骨粉、发酵好的鱼内脏、豆饼水，可使花色鲜艳，花朵增大，叶片肥厚。

6.**繁殖**：一般采用分株繁殖和播种繁殖。

摆放技巧

君子兰盆栽，最好是摆放于案台、书桌、茶几等通风透光的位置供人欣赏；客厅空阔且有屏风的家庭，可以把君子兰摆放在屏风的支架上。君子兰不宜摆放在空调底下，这样有损它的观赏雅趣，还会直接影响到它的花期和叶片的色泽。

棕竹

别称

筋头竹、观音竹。

习性

喜温暖、通风良好的半阴环境,不耐积水,极耐阴,畏烈日。

形态特征

丛生灌木,茎干直立,可长至1~3米。茎纤细如手指,不分枝,有叶节,包有褐色网状纤维的叶鞘。叶片为掌状,深裂成4~10片不等。

栽培与养护

1. 光照：避免强光直射或光照长期过低，夏季炎热、光照强时应适当遮阳。
2. 温度：生长适温为15～30℃。
3. 土壤：以深厚、肥沃的酸性土壤为佳。盆栽用土可以用泥炭土、腐叶土加少量珍珠岩和基肥混合配制。
4. 浇水：喜湿，也耐旱。在生长旺盛季节宜充足供水，使盆土保持湿润。春秋两季适当控制水分，土壤过湿或积水易引起根系腐烂。
5. 施肥：喜肥。生长期每周施肥1次，有机肥及复合肥均可，最好配合施用氮、磷、钾肥。
6. 繁殖：多采用播种繁殖和分株繁殖。

摆放技巧

棕竹姿态秀雅，茎杆亭立，四季常青，适宜用作客厅、书房及卧室的摆设，也可用于室外园林绿化。枝叶还可作插花衬材。

观赏性土种盆栽

金银花

别 称

忍冬、金银藤、二色花藤、右转藤、子风藤、鸳鸯藤。

习 性

金银花适应性强,喜阳、耐阴、耐寒,也耐干旱和水湿。

形 态 特 征

忍冬科半常绿藤本植物。幼枝红褐色,密被黄褐色、开展的硬直糙毛、腺毛和短柔毛,下部常无毛。叶纸质,卵形至矩圆状卵形,有时呈卵状披针形,稀圆卵形或倒卵形。总花梗通常单生于小枝上部叶腋。金银花每年开1次花,花冠白色,有时基部向阳面呈微红色,后变黄色。

栽培与养护

1. 光照：金银花喜光，光照充足则植株健壮，花量多，产量高；光照不足则枝梢细长，叶小，产量低。所以金银花应栽在光照充足的地方，不宜在林下、沟谷或阴坡栽培。

2. 温度：金银花能抗$-30℃$低温，故又名忍冬花。温度在3℃以下时生理活动微弱，生长缓慢；5℃以上时萌芽抽枝；16℃以上时新梢生长快；20℃左右时花蕾生长发育快。

3. 土壤：对土壤要求不高，但以湿润、肥沃、深厚的砂质土壤为最佳，根系繁密发达，萌蘖性强，茎蔓着地即能生根。

4. 浇水：生长期一般不用浇水。如遇特大干旱，要浇水抗旱。

5. 施肥：一般于入冬前施有机肥作基肥。生长期根据金银花生长状况，分期追肥3~5次，追施有机肥或三元复合肥。

6. 繁殖：可采用播种繁殖和扦插繁殖。

摆放技巧

金银花是园林绿化的优选攀缘植物，也可作为家居盆栽种植，适宜摆放在阳台和窗台光照充足处，一般不宜摆放在阴暗、潮湿、不通风的室内。

观赏性 土种盆栽

孔雀竹芋

别 称

蓝花蕉、五色葛郁金。

习 性

喜温暖、湿润的半阴环境，不耐阳光直射。

形 态 特 征

多年生草本植物，植株呈丛状，株高可达60厘米。长而阔的叶子直接从根部长出，上面长有深浅不同的绿色斑纹，左右交互排列，隐约呈现出金属光泽，显得明亮艳丽。叶背部多呈褐红色，叶柄紫红色。

栽培与养护

1. 光照：避免阳光直射，春秋两季可放在室内光线明亮处，夏季放在半阴处养护。
2. 温度：生长适温为12～29℃。
3. 土壤：以疏松、肥沃、排水良好、富含腐殖质的微酸性壤土为佳。可用腐叶土、泥炭或锯末、沙混合配制，再加入少量豆饼作基肥，忌用黏重的园土。
4. 浇水：生长期应充分浇水，保持土壤湿润，但不能积水。夏秋季须经常向叶面喷水，以降温保湿。秋末后控制水分，以利抗寒越冬。
5. 施肥：生长期每20天施1次稀薄液肥，氮、磷、钾比例应为2∶1∶1，可使叶色光泽艳丽，切忌氮肥比例过大。冬季和夏季停止施肥。
6. 繁殖：主要采用分株繁殖和组织培养繁殖。

孔雀竹芋株形规整，叶面富有美妙精致的斑纹，常以中小盆栽装饰家庭书房、卧室、客厅等场所。

 观赏性土种盆栽

鹤顶兰

别 称

大白芨、猴兰、千鹤兰。

习 性

喜温暖、湿润和半阴的环境。

形态特征

兰科多年生草本植物,株型飘逸,叶片深长,假鳞茎呈圆筒形或圆锥形。春季开花,花芳香,花期长。花莛从假鳞茎的基部生出,花大、美丽,背面白色,内面暗赭色或棕色,唇瓣贴生于蕊柱基部,背面白色带茄紫色的前端,内面茄紫色带白色条纹。

栽培与养护

1.光照：春、夏、秋三季可遮光50%左右，冬季不遮光或少遮光。在室内可放在向阳的窗子附近，最好每日有2~3小时的直射光。

2.温度：生长适温为18~25℃，越冬温度应在6℃以上。

3.土壤：盆栽基质可用泥炭土3份、沙或碎苔藓1份配制。于春季新芽萌发之前换盆或换土；盆栽时，先将粗颗粒状的碎砖块、碎瓦片填充至盆高的1/4~1/3处，以利盆土排水和透气。

4.浇水：冬季休眠，保持盆土微潮，不宜浇水太多。

5.施肥：需肥量比较大，除在培养土中添加部分基肥外，在生长旺盛期，应每2~3周追施1次液体肥料，秋末气温降低后停止施肥。

6.繁殖：一般以分株繁殖为多。

摆放技巧

鹤顶兰宜盆栽。作为室内观赏花卉，适宜摆放在有适当遮阳的阳台、天棚位置，通风较好的洗手间也可以摆放。鹤顶兰一般不宜摆放在室内空调附近或通风不好的地方，这样不利于它的生长和开花。

观赏性 土种盆栽

雪花木

别 称

彩叶山漆茎、五彩龙、白雪树。

习 性

喜高温、高湿的环境，耐寒性差，不耐干旱，喜光。

形 态 特 征

常绿小灌木，株高50～120厘米。小枝似羽状复叶，叶子互生，呈圆形或阔卵形，叶面上带有白色或乳白色斑点。叶子幼嫩时白色，成熟时绿色，带白斑；老叶绿色。夏秋季开花，花较小，有红色、橙色、黄白色等。

栽培与养护

1. **光照**：需全日照或半日照；不能长时间放置于阴暗处，否则植株会徒长。
2. **温度**：生长适温为22～30℃。
3. **土壤**：以肥沃、疏松的砂质壤土为佳。盆栽时可用由腐叶土、塘泥等加适量河沙及有机肥混合配制成的营养土。
4. **浇水**：对水分要求较高，生长期要保持土壤湿润。干热天气时多向叶面喷水，以降温保湿。
5. **施肥**：生长期每月施肥1～2次，以氮肥为主，配施磷、钾肥；如交替施用有机肥更佳，有利于植株生长。
6. **繁殖**：多采用扦插繁殖，也可以采用压条繁殖，春季为最适期。

雪花木色彩明快，是优良的室内观叶树种。小型盆栽适合摆放在阳台、天台、案几等处，也可作室外的庭院绿化、美化植物。

观赏性土种盆栽

龙船花

别 称

英丹、仙丹花、百日红。

习 性

喜温暖、湿润、阳光充足的环境，怕干旱、寒冷。

形态特征

常绿小灌木。老茎黑色有裂纹，嫩茎平滑无毛。叶对生，几乎无柄，薄革质或纸质，倒卵形至矩圆状披针形。聚伞形花序顶生，夏季开花，花序具短梗，开花密集，花色丰富。

栽培与养护

1.光照：龙船花需阳光充足，尤其是茎叶生长期，充足的阳光使叶片翠绿、有光泽，有利于花序形成，开花整齐、花色鲜艳。在半阴环境下也能生长，但叶片淡绿、缺乏光泽，开花少，花色较浅。但夏季强光时适当遮阳，可延长观花期。

2.**温度**：生长适温为15~25℃。冬季温度不低于0℃，过低易遭受冻害。相反，龙船花耐高温，32℃以上时可照常生长。总的来说，龙船花对温度的适应性比较强。

3.**土壤**：以肥沃、疏松和排水良好的酸性砂质土壤为佳。盆栽时用由培养土、泥炭土和粗沙混合配制的土壤，pH以5~5.5为宜。盆底排水孔应加大，并做排水层。每年翻盆换土1次。

4.**浇水**：平时要注意及时浇水，看花土表层干燥即可浇水，但不可积水。天气干燥时，要注意喷水增湿。雨季要注意倒盆排水，栽培期间不可太湿，过分潮湿对开花不利，甚至落叶、烂根。冬季约每周浇水1次，使土壤稍湿即可。

5.**施肥**：培育期施基肥，生长期再追施2~3次液肥，开花期用等量的三要素肥料，浓度为0.2%，每周施肥1次。扦插前，使用0.5%的吲哚丁酸溶液浸泡插穗基部3~5秒，可缩短生根期，使根系特别发达。如发现叶片发黄，可施矾肥水。

对于盆栽老株，每年应翻盆，并增施豆饼、粪干等作基肥。肥水要充足，每周施1次20%的饼肥水或过磷酸钙浸液，可以使盆栽多开花。

6.**繁殖**：可采用播种繁殖、压条繁殖和扦插繁殖。

摆放技巧

在选择室内摆放位置的时候，首先考虑的是通风良好、有适当阳光照射的阳台、窗台等位置，龙船花不宜摆放在通风和光线不好的空调底下。

观赏性 土种盆栽

春羽

别称

春芋。

习性

喜温暖、湿润的半阴环境，畏严寒。

形态特征

多年生常绿草本植物，植株可长至1.5米以上。茎极短，呈木质，生有很多气生根。叶柄肉质，长圆形。叶从茎的顶部向四面伸展，排列紧密、整齐，呈丛生状。叶片巨大，呈粗大的羽状深裂，浓绿而有光泽。

栽培与养护

1. **光照**：宜放在半阴处养护，夏季避免烈日直射，防止灼伤叶片。
2. **温度**：生长适温为20～30℃。
3. **土壤**：喜肥沃、疏松、排水良好的微酸性土壤。家庭栽培可用由腐叶土、泥炭土、园土等加少量河沙混合配制成的营养土。
4. **浇水**：生长期注意保持盆土湿润，忌过干。夏季每天可向叶片或花盆四周喷水，保持清新、湿润的环境，冬季减少浇水次数。
5. **施肥**：生长旺季每月施1～2次肥水，忌偏施氮肥，否则会造成叶柄细长软弱，不易挺立。冬季温度低于20℃时应停止施肥。
6. **繁殖**：多采用扦插繁殖、播种繁殖和分株繁殖。

摆放技巧

春羽植株繁盛，叶片大而奇特，叶色翠绿而有光泽，是目前家庭和公共场所普遍应用的室内观叶类植物。春羽盆栽可以摆放在客厅、大堂等宽敞处，也可水培小株放在案头、窗台。

观赏性 土种盆栽

文殊兰

别 称

白花石蒜、十八学士、秦琼剑。

习 性

喜温暖，不耐寒，稍耐阴，喜潮湿，忌涝，耐盐碱。

形态特征

石蒜科多年生球根草本花卉。叶片宽大肥厚，常年浓绿，叶片主脉纹路清晰，前端尖锐，好似一柄绿剑，所以它又被称作秦琼剑。花茎粗壮而挺立，全株花茎高出叶片，花序顶生，呈伞形聚生于花葶顶端，花瓣中间深红色，两侧粉红色，盛开时向四周舒展。

栽培与养护

1. 光照：略喜阴，夏季需遮阳，忌阳光直射。
2. 温度：生长适温为15~20℃。
3. 土壤：栽培基质以排水良好、湿润、肥沃的壤土为佳，盆栽时一般可用腐叶土、泥炭土加1/4河沙和少量基肥作为基质。
4. 浇水：生长期和花期要求充足的水分，要"见干见湿"。夏季要充分浇水，越冬期间减少浇水量，保持土壤稍湿润即可。
5. 施肥：生长期每半月施肥1次，尤其是开花前后及花期要施足液肥。
6. 繁殖：主要采用分株繁殖和播种繁殖。

摆放技巧

文殊兰盆栽适宜摆放在酒楼、宾馆的大堂及办公室的灯光底下。花开之际，它给人美不胜收的愉悦感。家居装饰中，可以将它摆放在客厅的案几上、有适当遮阳条件的阳台上。文殊兰不宜摆放在有阳光直射的地方，或者阴暗、无光的角落。

观赏性 土种盆栽

紫鹅绒

别 称

天鹅绒三七、土三七、橙黄土三七、红凤菊。

习 性

喜温暖、湿润、半阴的环境，忌阳光直射，耐寒性不强。

形 态 特 征

多年生草本植物，株高50～100厘米，茎叶上密被着鹅绒般的紫红色细毛，因而得名。叶子对生，长卵形，叶缘处有不规则锯齿；幼叶紫红色，成熟后转为深绿色。4～5月份开黄色或橙黄色的花。

栽培与养护

1. 光照：喜光，要求生长环境有充足的光照。冬季时可以放在光线明亮处养护，夏季需半遮阳。

2. 温度：生长适温为18～28℃。

3. 土壤：以肥沃、疏松和排水良好的土壤为佳。盆栽基质可用泥炭土、腐叶土、园土及适量河沙混合配制。

4. 浇水：喜水，生长期需保持盆土湿润，坚持"宁湿勿干"原则，干热季节可向植株喷水来降温、保湿。

5. 施肥：生长旺盛期每周施肥1次，少施氮肥，以免引起徒长和叶片褪色。多施磷、钾肥，施肥时要注意肥不沾叶。

6. 繁殖：采用扦插繁殖、播种繁殖和分株繁殖。

摆放技巧

紫鹅绒株形小巧，观赏性强，适宜盆栽或吊盆种植，用来装饰餐桌、茶几、书桌、电脑桌等处，也可以放在阳台、天台供观赏。

观赏性 土种盆栽

美人蕉

别 称

红艳蕉、大花美人蕉。

习 性

喜温暖、湿润、阳光充足的环境,畏强风和霜雪,对氯气及二氧化硫有一定抗性。

形 态 特 征

多年生球根草本花卉。地下根茎横卧生长,肉质肥大,富含淀粉,多分枝,有明显的节,节上侧芽萌发能力强。茎叶绿色,叶长椭圆形,叶色翠绿,叶脉清晰。花序小而稀疏,总状花序自茎顶抽出,花瓣直伸,花色丰富。

1.光照:生长期要求光照充足,保证每天要接受至少5小时的阳光直射。环境太阴暗、光照不足会使开花期向后延迟。

2.**温度**：喜温暖，忌严寒，生长适温为16~30℃。为延长花期，可将它放在温度低、无阳光照射的地方，但环境温度不宜低于10℃。

3.**土壤**：几乎不择土壤，但在富含有机质的深厚土壤中生长更好。要求土壤排水良好，怕积水。可用由泥炭土或腐叶土1份、园土1份、沙1份混合配制成的培养土，并加入适量的厩肥、过磷酸钙及复合肥。

4.**浇水**：冬天是休眠期，只要不过于干燥就不用浇水；生长期要保持土壤湿润，不能太干，也不能积水。夏季每天可向叶面喷水1~2次。

5.**施肥**：生长期施肥2~3次，最好施氮磷钾混合肥料。

6.**繁殖**：多采用播种繁殖和分株繁殖。

摆放技巧

美人蕉盆栽适宜摆放在阳台、天棚等通风良好的环境中。室内干燥、阴暗的环境不利于它的生长；若夏天高温暴晒，会出现叶缘枯焦、花朵蜷缩的现象；若光照不足，环境太阴暗，花期会延迟，花色变淡；盆土积水容易烂根，缺水则会出现"叶里夹花"的现象。

观赏性 土种盆栽

万年青

别 称

葀、开喉剑、冬不凋、千年葀。

习 性

喜温暖、湿润、通风良好的半阴环境，不耐旱，稍耐寒，忌积水。

形态特征

多年生常绿草本植物，无地上茎。根状茎粗短，上面有节，叶从茎上长出。叶片质厚，宽大呈椭圆形，上面长有清晰的纹路。常见的栽培品种有花叶万年青、虎眼万年青、广东万年青、中华万年青等。

栽培与养护

1. 光照：喜半阴环境，忌强光直晒。春、夏、秋三季应遮阳60%以上，冬季遮阳40%。

2. 温度：生长适温为15～18℃。

3. 土壤：一般园土均可栽培，但以富含腐殖质、疏松、排水好的微酸性砂质壤土为佳。

4. 浇水：不宜多浇水，浇水坚持"盆土不干不浇，宁可偏干也不宜过湿"原则。除夏季须保持盆土湿润外，春、秋季浇水不宜过勤。

5. 施肥：生长期每20天左右施1次腐熟的液肥。初夏生长较旺盛，可每10天左右追施1次液肥，追肥中可加兑少量0.5%的硫酸铵。

6. 繁殖：播种繁殖、分株繁殖均可。

摆放技巧

将万年青盆栽摆放在客厅或卧室可以去除空气中的尼古丁、甲醛等有害物质，释放氧气，净化空气，因此它十分适合作为家庭绿植。大型盆栽放置于酒楼、宾馆、公司等公共场所可使环境变得绿意盎然。

紫罗兰

别 称

草桂花、四桃克、草紫罗兰。

习 性

喜凉爽的环境，忌燥热，不耐阴，怕渍水。

形态特征

十字花科多年生草本植物，全株被灰色星状茸毛。茎直立，基部稍木质化。叶面宽大，长圆形或倒披针形。总状花序顶生和腋生，花梗粗壮，花有紫红色、淡红色、淡黄色、白色等，花朵繁密，花色鲜艳，香气浓郁，花期较长。果实为长角果，圆柱形，种子有刺。

栽培与养护

1. 光照：不能受强光直射，但也不能在过分荫蔽的条件下生长过久。
2. 温度：生长适温为10~20℃，气温高于30℃时易死亡，可以耐受0~2℃的低温。

3. **土壤**：对土壤要求不严，但在排水良好、中性或偏碱性的土壤中生长较好，忌酸性土壤。

4. **浇水**：浇水量要根据季节而定。冬季和早春气温低，浇水不宜过勤，要在盆土干了后再浇水，相对湿度保持在40%左右；夏季气温高，应多浇水，周围要经常喷水，相对湿度不小于70%；秋季因气候凉爽，浇水量相应减少。

5. **施肥**：生长期每2周施1次稀薄腐熟的饼肥水或液肥，但要注意氮肥不宜过量。出现花蕾后施1~2次0.5%的过磷酸钙可使花色鲜艳。

6. **繁殖**：主要采用播种繁殖。

摆放技巧

紫罗兰盆栽适宜摆放在室内靠窗或有阳光和灯光漫射的地方，室内过于阴暗的位置容易导致开花情况不良，也不宜摆放在闷热的空调旁边。

观赏性 土种盆栽

朱砂根

别称

红铜盘、大罗伞、金玉满堂。

习性

喜湿润或半干燥的环境，要求生长环境的空气相对湿度为50%~70%。

形态特征

多年生常绿灌木，株型苍青，茎干直立，在顶端处分枝。叶子质厚，呈长卵形，叶片边缘有皱纹或波纹状钝锯齿。开白花，微香，结红果。挂果期半年，果未落下又开花，交错生长，四季常青。

栽培与养护

1. 光照：对光线适应能力较强，室内养护时要尽量放在有明亮光线的地方。

2. 温度：生长适温为16~28℃，低于8℃时停止生长。

3. 土壤：以肥沃、疏松、富含腐殖质的砂质壤土为佳。盆栽时可用由腐叶土（或山泥）、菜园土、河沙混合配制成的营养土，也可加适量有机肥。

4. 浇水：春、夏、秋三季是朱砂根快速生长的季节，此时对水分要求较多，应保持土壤湿润，并经常向地面洒水以保持空气湿度。入冬后，适当控制水分。

5. 施肥：对肥料要求较高，在春季至秋季的生长季节，每10天施肥1次。前期以氮肥为主，现蕾期停止施用氮肥，增施磷、钾肥。入冬后，果实变红，此时停止施肥。

6. 繁殖：可采用播种繁殖、扦插繁殖和压条繁殖。如需大量栽培，可采用播种繁殖，出苗容易，管理简单。

摆放技巧

朱砂根植株大红大绿，十分高雅，小盆栽种可以作为室内绿植，尽显吉祥喜庆、华贵高雅气氛；也可以成片栽植在立交桥下、公园、庭院或景观林中，令人赏心悦目，心旷神怡。

观赏性 土种盆栽

沙漠玫瑰

别 称

天宝花。

习 性

沙漠玫瑰主要分布于非洲沙漠干旱地区,喜高温、干旱、阳光充足的环境。

形态特征

多年生落叶肉质小乔木。植株高100～200厘米,茎粗壮、肥厚、光滑,绿色和灰白色;主根肥厚、多汁、白色;单叶互生,倒卵形,顶端急尖,革质,有光泽,正面深绿色,背面灰绿色,全缘。总状花序,顶生,着花10余朵,喇叭状,花有玫红色、粉红色、白色及复色等。花期为4～11月份,果于花谢后3个月成熟。

栽培与养护

1.光照:一般不需要遮光,可置于光照充足的地方养护;但南方夏季光照强烈,如要叶片保持青翠,可适当遮阳。

2.**温度**:生长适温为25～30℃;在温度低于10℃时,开始落叶,并进入半休眠状态。

3.**土壤**:培养土可用泥炭土、腐叶土、砻糠灰、河沙加少量腐熟骨粉配制,小苗现3~4片真叶时即可上盆。

4.**浇水**:春、秋季为生长期,要充分浇水,保持盆土湿润,但不能过湿。浇水要"见干见湿、干透浇透"。早春和晚秋气温较低,应节制浇水。冬季减少浇水,盆土保持干燥,但过干时也要浇水。

5.**施肥**:生长期施肥要以氮、磷、钾肥配合施用,苗期至开花前以氮肥为主,磷、钾肥为辅助,以促进营养生长。但在成株的营养生长期应少施氮肥,多施磷、钾肥,因为氮肥过多会造成枝叶徒长,并抑制生殖生长。进入生殖生长期时,停施氮肥,以磷、钾肥为主。一般花期停止施肥,但沙漠玫瑰花期较长,消耗养分较多,可适当补充一些速效性肥料;生长旺盛时期每15～20天施肥1次。

6.**繁殖**:常采用扦插繁殖、嫁接繁殖和压条繁殖,也可以采用播种繁殖。

摆放技巧

沙漠玫瑰无论花、叶、茎,还是它的形,均优雅别致,适合装饰客厅、卧室及阳台,自然大方,别具一格,为家居栽培之佳品。

 观赏性 土种盆栽

密叶朱蕉

别 称

太阳神、绿密龙血树、阿波罗千年木、密叶龙血树。

习 性

喜高温、高湿的半阴环境，耐旱、耐阴性强。

形态特征

常绿木本植物，无分枝，无叶柄。叶片密集轮生，向四周散发生长；叶面呈长椭圆形，叶色青翠浓绿。植株生命力旺盛，生长较慢，给人以优雅、水灵的感觉。

栽培与养护

1. 光照：喜充足的散射光，忌强烈的阳光直射。5~9月份应遮阳30%~50%，其他时间给予充足的阳光。
2. 温度：生长适温为22~28℃。
3. 土壤：喜排水良好、富含腐殖质的壤土。盆栽时可用由腐叶土、泥炭土和珍珠岩等混合配制成的营养土。
4. 浇水：生长期坚持"不干不浇"原则，不要使盆土过干或过湿。夏季高温期应经常向叶面喷水，冬季控制浇水量。
5. 施肥：需肥不多，生长期每月追施1~2次稀薄液肥即可，冬季停止施肥。
6. 繁殖：采用扦插繁殖。

摆放技巧

密叶朱蕉株形紧凑小巧，叶色翠绿悦目，是室内绿化装饰的珍品。适宜在室内花槽中成列摆设；也可以用小盆栽种，装点书桌、窗台等处。

大花蕙兰

别 称

喜姆比兰、蝉兰。

习 性

喜温暖、湿润的环境,要求光照充足,但夏季花芽分化期需凉爽的环境。

形 态 特 征

多年生常绿草本植物,株高30~150厘米。假球茎硕大。叶丛生,带状,革质。花梗由假球茎抽出,每梗着花8~16朵,花有红色、黄色、白色、翠绿色、复色等。

栽培与养护

1. 光照：喜强光，由于花期在春季，所以可长期日照，任阳光直射。

2. 温度：生长适温为10～25℃。夜间温度以10℃左右为宜。在开花期，将温度维持在5℃以上、15℃以下可以将花期延长3个月以上。

3. 土壤：对栽培基质要求较高，一般用附生基质栽培，树皮、石子、木炭及泥炭均可。

4. 浇水：成株需水量较大。在炎热的夏季，要注意喷水保湿，每天多次进行喷雾，防止空气过于干燥，空气过于干燥不利于叶片生长。

5. 施肥：施肥可用速效性的肥料，每10天施用1次；生长期可以通用肥为主，花芽分化至开花后增施磷、钾肥。

6. 繁殖：常采用分株繁殖、播种繁殖和组织培养繁殖。

摆放技巧

大花蕙兰花大色艳，是优秀的盆栽观花植物，适合摆放在室内的客厅、阳台、窗台等处，也适合于办公室、会议室、宾馆的厅堂处摆设。

香花槐

别　称

富贵树。

习　性

喜高温多湿、阳光充足的环境，耐高温。

形 态 特 征

蝶形花豆科乔木，主干不壮，枝叶散开，显得层次分明。叶子互生，由数片小叶组成羽状复叶，叶形为椭圆形至卵圆形，叶面光滑，叶色青翠浓密。花红色，气味芳香。

栽培与养护

1. 光照：春、冬季要适当增加光照，每天光照3~4小时可以保持叶片的鲜明色泽。夏秋季要适当遮阳。
2. 温度：生长适温为15~30℃。
3. 土壤：宜用疏松、肥沃、排水良好、富含有机质的壤土和砂质壤土。
4. 浇水：生长期应保持盆土湿润。盛夏时节要常向叶面喷水，空气过于干燥会使叶尖、叶片干枯。冬季盆土不宜太湿，但要经常向叶面喷水。
5. 施肥：每20~25天施1次氮、磷、钾复合肥，有利于植株生长旺盛。
6. 繁殖：无种子可供繁殖，只能靠埋根段、插枝条或嫁接繁殖。

摆放技巧

富贵树是常年青翠的观叶植物，耐热也耐寒，既可摆放在案几、窗台处，也可点缀办公室、会议室、公司的前台等公共场所，是常用的观赏树种之一。

观赏性土种盆栽

凤仙花

别称

指甲花、金凤花。

习性

喜阳光，怕湿，耐热不耐寒，耐瘠薄；适应性较强，移植易成活，生长迅速。

形态特征

一年生草本植物。凤仙花为肉质茎。枝叶浓密，叶互生，阔或狭披针形，顶端渐尖，边缘有锐齿，基部楔形。花期为6~8月份，花色有粉红色、大红色、紫色、黄白色等，有的品种在同一株上能开出数种不同颜色的花朵。

栽培与养护

1. 光照：需光照充足，但在夏季需遮挡强光。
2. 温度：生长适温为15~25℃。不耐寒，温度下降到7℃时会受冻害。
3. 土壤：应选择疏松、肥沃、深厚、透气性良好的土壤，忌积水、久湿和透气性差的培养土。
4. 浇水：需重视水分管理，宜在早晨浇透水；晚上若盆土发干，再适量补充水；并适当叶面和周围环境喷水；忌土壤过干和过湿。
5. 施肥：播种10天后开始施液肥，一周施1次。
6. 繁殖：一般采用播种繁殖。

摆放技巧

凤仙花盆栽一般适宜摆放在阳台等光线充足的地方，也可以摆放在酒楼、宾馆的大堂及客厅、卧室等有光照的地方。一般不宜放在厨房油烟排放处，也不宜摆放在洗手间和浴室等湿气太重的地方，容易发生烂根现象。

观赏性 土种盆栽

八角金盘

别 称

八金盘、八手、手树。

习 性

喜温暖、湿润的环境，耐阴，不耐旱，有一定耐寒力。

形 态 特 征

常绿灌木或小乔木，基部肥厚，可生长至5米高。整株枝叶浓密，层叠翠绿，叶片富有光泽。叶柄细长，叶片呈掌状裂开，形成8个尖角。10～11月份开淡白色花朵，浆果球形。

栽培与养护

1. 光照：忌强日照，春、夏、秋三季应遮光60%以上，冬季则要多照阳光。
2. 温度：生长适温为10~25℃。
3. 土壤：以排水良好、肥沃的微酸性土壤为宜。盆栽时可用由腐叶土、粗河沙、田园土及适量的硫黄粉或硫酸亚铁混合配制成的营养土。
4. 浇水：夏秋高温季节要勤浇水，并注意向叶面和周围空间喷水，以提高空气湿度。10月份以后控制浇水量。
5. 施肥：4~10月份为生长旺盛期，可每2周左右施1次薄液肥，10月份以后停止施肥。
6. 繁殖：用扦插繁殖、播种繁殖和分株繁殖。

摆放技巧

八角金盘适宜摆放在居室、写字楼、酒楼、宾馆等室内场所，成片群植还可以点缀庭院、草坪边缘及林地，叶片则是插花的良好辅材。

观赏性土种盆栽

非洲紫罗兰

别 称

非洲堇、非洲紫苣苔。

习 性

喜温暖、湿润、通风良好和散射光照充足的环境。耐半阴，不耐寒，忌高温，忌阳光直射。

形 态 特 征

多年生草本植物，具极短的地上茎。叶片轮状平铺生长，呈莲座状，叶卵圆形，全缘，先端稍尖。花梗自叶腋间抽出，花单朵顶生或交错对生，花色有深紫罗兰色、蓝紫色、浅红色、白色、红色等，有单瓣、重瓣之分。夏、秋、冬三季均能连续开花。

栽培与养护

1. 光照：忌阳光直射，夏季需要移至室内避光。
2. 温度：在生长期，白天适宜温度为22~24℃，夜间20~21℃。温度不能高于30~35℃，如果持续高于30℃，株型改变，花蕾在开放前会枯萎脱落；若高于35℃，则叶片发黄或被灼伤。
3. 土壤：适宜在疏松、肥沃、排水良好、富含腐殖质的微酸性壤土中生长。
4. 浇水：生长期需保持盆土湿润及较高的空气湿度，但要避免积水，土壤过湿易烂根。
5. 施肥：每月施肥1次，不宜使用有机肥，以速效性复合肥为佳，可结合浇水追施。
6. 繁殖：可采用扦插繁殖、分株繁殖、插种繁殖和组织培养繁殖，通常情况下以叶插繁殖为主。

摆放技巧

非洲紫罗兰品种繁多，花色、叶色变异性较大，盆栽可作客厅、书房、案几、阳台、窗台的景观，也可用于装点会议室、办公室等场所。

观赏性土种盆栽

镜面草

别 称

一点金、翠屏草、金线草。

习 性

喜温暖、湿润的环境，较耐寒，喜阴。

形 态 特 征

多年生肉质草本植物，茎直立，不分枝。叶子肥厚近圆形，形似古代的铜镜。叶片深绿色，富有光泽，上方叶柄着生处有1个金黄色的圆点，因此它又被称为"一点金"。

栽培与养护

1. 光照：喜明亮的散射光，忌烈日暴晒，以防灼伤叶片使叶色变黄。晚秋至翌春时节，可多见阳光。

2. 温度：生长适温为15～20℃。

3. 土壤：宜选用疏松、肥沃、富含腐殖质的砂质壤土。可用园土、腐叶土、河沙等量混合配制成的基质。

4. 浇水：需经常保持盆土湿润，但不要积水，以防叶片变色、凋萎，甚至茎干腐烂。浇水要"见干见湿"。为保持空气湿度，可经常向叶面喷雾。

5. 施肥：生长期间每半月施1次稀薄液肥。要注意，氮肥过多会造成叶片徒长、植株倒伏，浓肥及生肥会造成植株烂根甚至死亡。

6. 繁殖：一般采用分株繁殖或扦插繁殖，以分株繁殖较为简便易行。

摆放技巧

镜面草叶形奇特、姿态美观，适合在温室、庭院和室内栽培。室内装饰中，可以将它放在荫蔽处，作为小型绿化装饰。

观赏性 土种盆栽

蚬肉海棠

别 称

蚬肉秋海棠

习 性

喜温暖、稍阴湿的环境和湿润的土壤,但怕热,忌水涝,夏天注意遮阳、通风、排水。

形 态 特 征

秋海棠科多年生草本植物。茎浅绿色,节部膨大多汁,有发达的须根。叶互生,叶卵圆形至广卵圆形,枝叶浓密,叶色深红。聚伞花序腋生,花色鲜红艳丽。

栽培与养护

1. **光照**：蚬肉海棠对阳光十分敏感，夏季要调整光照时间，创造适合其生长的环境，要对其进行遮阳处理。室内培养的植株，应放在有散射光且空气流通的地方，晚间需打开窗户通风换气。

2. **温度**：生长适温为10~30℃。

3. **土壤**：需要富含腐殖质、排水良好的中性或微酸性土壤。

4. **浇水**：以保持土表湿润为宜。水分过多易发生烂根、烂芽、烂枝的现象，高温、高湿易导致各种疾病。

5. **施肥**：生长期每隔10天追施1次液体肥料。

6. **繁殖**：主要采用分株繁殖、播种繁殖和扦插繁殖。

摆放技巧

蚬肉海棠均作室内盆栽，在温室及普通房间中均可生长，适合摆放在庭院、廊道、案几、阳台、会议室台桌、餐厅等处作点缀，但不宜摆放在阴暗无光的室内、干燥的空调出气口等处。

观赏性土种盆栽

荷花竹

别 称

莲花竹、观音竹。

习 性

喜温暖、湿润的半阴环境，耐涝，耐肥力强，抗寒力强。

形态特征

常绿小乔木，其外形与一般的富贵竹相似。整株株型挺直，叶片环生，细长呈剑形，四季常绿，极富竹韵。木质茎粗壮，枝节明显，顶端处就像盛开的荷花，故而得名。

Part 3 盆栽实例

栽培与养护

1. 光照：忌强光直射，适宜在明亮散射光下生长。光照过强、暴晒会引起叶片变黄、褪绿、生长慢等现象。
2. 温度：生长适温为22~30℃。
3. 土壤：适宜生长于排水良好的砂质壤土中，也可水培、无土栽培。
4. 浇水：在5~9月份生长旺期要多浇水，保持土壤湿润，宁湿勿干。高温期还要经常用水喷洒叶片和地面，增加空气湿度。秋冬季适当减少浇水量。
5. 施肥：生长期每月施1~2次液体肥，可促使叶色浓绿、苍翠。冬季停止施肥。
6. 繁殖：可采用扦插繁殖，水插也可生根。

摆放技巧

荷花竹一般适合盆栽，或者直接水养。可将它放在客厅、书房、卧室等处，也可在厅堂内成行摆放作点缀，或作切花配料。

观赏性 土种盆栽

非洲菊

别称

扶郎花、太阳花、猩猩菊。

习性

喜温暖、阳光充足的环境。

形态特征

多年生草本植物。全株被细毛，叶基生，长椭圆状披针形，羽状浅裂，叶缘具疏齿。头状花序单生于花序总梗顶端，花呈白色、黄色、橙色、红色、粉色等不同颜色，主要花期为11月份至次年4月份。

栽培与养护

1. 光照：非洲菊为喜光花卉，冬季需全光照射；但夏季应注意适当遮阳并加强通风，以降低温度，防止高温引起休眠。

2. 温度：生长适温为18~25℃。

3. 土壤：栽培土壤以肥沃、排水良好、富含腐殖质的微酸性砂质壤土为佳，盆栽时可选用由腐叶土、泥炭土、田园土及适量有机肥、河沙混合配制成的营养土。

4. 浇水：生长期需保持土壤湿润，忌积水。浇水时尽量不要浇到花心，否则可能导致花芽腐烂。秋冬季盆土稍干燥，不宜过湿。

5. 施肥：非洲菊为喜肥宿根花卉，对肥料需求大，氮、磷、钾肥的比例为15∶18∶25。追肥时应特别注意补充钾肥。春、秋季每5~6天施肥1次，冬、夏季每10天施肥1次。若高温或偏低温导致植株进入半休眠状态，则停止施肥。

6. 繁殖：可采用播种繁殖和分株繁殖。

摆放技巧

非洲菊宜盆栽或切花水培，用于装饰会场、客厅、书房等。盆栽宜摆放在阳台和窗台等光线较强的位置，切花水培则适宜摆放在卧室。非洲菊不宜摆放在阴暗、通风不好的角落。开花的植株不宜受到风雨侵袭，最好摆放在避雨的地方，以免花朵过快凋落。

观赏性土种盆栽

大岩桐

别 称

六雪尼、落雪泥。

习 性

原产巴西,冬季喜温暖,夏季喜凉爽、湿润及半阴的环境。

形 态 特 征

多年生草本植物,块茎扁球形,地上茎极短,全株密被白色茸毛。叶对生,大而肥厚,卵圆形或长椭圆形,有锯齿;叶脉隆起,自叶间长出花梗。花顶生或腋生,花冠钟状,有粉红色、红色、紫蓝色、白色等,大而美丽。

栽 培 与 养 护

1.光照:大岩桐为半阳性植物,平时要适当遮阳,避免强光直射。开花时宜适当延长遮阳时间,以利于延长花期。冬季幼苗期应阳光充足,促进幼苗茁壮生长。

2.温度：生长适温为10～25℃，越冬温度不低于5℃。不同的季节对温度有不同的要求，1～10月份以18～25℃为宜，10月份到翌年1月份以10～12℃为宜。

3.土壤：喜疏松、肥沃、保水良好的腐殖质土壤，宜用富含腐殖质、疏松的微酸性土壤栽培。常用珍珠岩、河沙、腐叶土以1∶1∶3的比例外加少量腐熟、晒干的细碎家禽粪便配制。

4.浇水：坚持"见干见湿"原则，见叶子稍蔫再浇水。浇水要慢，盆土稍透即停。夏季经常围绕盆花喷水，增加空气湿度。

5.施肥：喜肥。每半月施肥1次，花芽分化时，增施磷、钾肥。施肥时注意不要沾污叶片，以免引起腐烂。

6.繁殖：多采用播种繁殖，从播种到开花需要5～7个月。

摆放技巧

大岩桐盆栽可以用来布置窗台、案几，装饰花架、办公桌等。客厅、饭厅和书房都适宜摆放，但一般不放在卧室。

观赏性土种盆栽

一品红

别 称

猩猩木、象牙红、老来娇、圣诞花。

习 性

喜温暖、湿润的环境及充足的光照,不耐低温。

形态特征

常绿灌木,株高1~3米,茎直立、光滑。单叶互生,叶片卵状椭圆形至宽披针形,先端渐尖或急尖,基部楔形或渐狭,全缘、具波状齿。苞叶狭椭圆形,通常全缘,朱红色。杯状花序顶生,花小,无花被,着生于总苞内。蒴果,三棱状圆形。花期为11月份至翌年3月份。

栽培与养护

1.光照:一品红为短日照植物。茎叶生长期需保持阳光充足,这样茎叶才能生长迅速、繁茂。要使苞片提前变红,每天光照要控制在12小时以内,促使花芽分化。如每天光照控制在9小时以内,则5周后苞片即可转红。

2.**温度**：生长适温在4～9月份为18～24℃，9月份至翌年4月份为13～16℃。冬季温度不低于10℃，否则会引起苞片泛蓝，基部叶片易变黄脱落，出现"脱脚"现象。当春季气温回升时，茎干上能陆续萌芽，抽出枝条。

3.**土壤**：以疏松、肥沃、排水良好的砂质壤土为佳。盆栽时以培养土、腐叶土和沙的混合土为佳。

4.**浇水**：一品红不耐干旱，又不耐水湿，所以浇水要根据天气、盆土和植株生长情况灵活掌控，一般以保持盆土湿润又不积水为宜，但在开花后要减少浇水量。

5.**施肥**：在生长开花季节，每10～15天施1次稀释5倍且充分腐熟的麻酱渣液肥。入秋后，还可用0.3%的复合化肥，每周施1次，连续施3～4次，以促进苞片变色及花芽分化。

6.**繁殖**：采用扦插繁殖，时间为3～4月份。

摆放技巧

一品红适合摆放在天台、阳台、庭院等阳光充足、透气良好的地方；室内可以放在客厅里或小朋友够不到的花台上，作装饰用。

观赏性土种盆栽

万寿菊

别 称

臭芙蓉、万寿灯、蜂窝菊、臭菊花、蝎子菊。

习 性

喜阳光充足的环境,耐寒,耐干旱。

形 态 特 征

菊科一年生草本植物。全株具异味,茎粗壮,绿色,直立。单叶羽状全裂对生,裂片披针形,上部叶时有互生,裂片边缘有油腺,锯齿有芒。头状花序着生枝顶,花黄色或橙色,总花梗肥大。

栽培与养护

1. **光照**：万寿菊为喜光性植物，阳光充足对万寿菊生长十分有利，可使植株矮壮、花色艳丽。阳光不足，则茎叶柔软细长，开花少而小。万寿菊对日照长短反应较敏感，可以通过短日照处理（9小时）提早开花。

2. **温度**：生长适温为15～20℃，冬季温度不低于5℃。夏季高温30℃以上时，植株徒长，茎叶松散，开花少。温度在10℃以下时，植株能生长但速度减慢，生长周期拉长。

3. **土壤**：对土壤要求不高，以肥沃、排水良好的砂质壤土为宜。

4. **浇水**：根据墒情进行浇水，每次浇水量不宜过大，勿积水，保持土壤湿润即可。

5. **施肥**：花盛开时，在根外追施有机肥和钾肥，喷施时间以下午6时以后为佳。

6. **繁殖**：一般采用播种繁殖和扦插繁殖。播种繁殖宜在3月下旬至4月初进行，扦插繁殖宜在5~6月份进行。

摆放技巧

万寿菊既有观赏价值，又能起到驱蚊的效果。适宜摆放在坐东向西的阳台上，这样在早晚两个时间段都能晒到太阳。置于室内时，宜摆放在有灯光照射的地方。万寿菊不宜摆放在潮湿、通风不良、过于干燥的环境中。

观赏性 土种盆栽

姜花

别 称

蝴蝶姜、穗花山奈、蝴蝶花、香雪花、夜寒苏、姜兰花。

习 性

不耐寒,喜冬季温暖、夏季湿润的环境,抗旱能力差。

形态特征

蘘荷科多年生草本植物。地下茎块状横生,具芳香,形若姜。叶长椭圆状披针形,没有叶柄,叶脉平行,叶背略带薄毛。花序顶生,花白色。

栽培与养护

1. 光照：生长初期宜置于半阴的环境中，生长旺盛期需充足的阳光。
2. 温度：生长适温为20～30℃。冬季温度降至10℃以下时，地上部分枯萎，地下姜块休眠越冬。
3. 土壤：对土壤适应性强，栽培土质以肥沃、疏松、排水良好的壤土或砂质壤土最为适宜；土壤若经常保持湿润或靠近水源，则植物生长旺盛。
4. 浇水：刚栽植时不宜浇水过多，以免根茎切口腐烂。生长期需经常保持土壤湿润。
5. 施肥：盆底放足基肥，每10天左右施1次氮、磷肥，或有机肥。
6. 繁殖：通常采用分株繁殖。

摆放技巧

姜花为我国重要的观花植物，南方可植于露地花坛或做花篱，北方多用于盆栽观赏，适合放在阳台、客厅。

观赏性 土种盆栽

白鹤芋

别称

白掌、包叶芋、和平芋。

习性

比较耐阴，忌强光直射，喜阴凉、通风的环境。

形态特征

植株主干不明显，多为丛生状，叶片宽阔碧绿，株形美观。花为佛焰苞，由1片白色的苞片和1条黄白色的肉穗所组成，花姿绰约，花色洁白。

栽培与养护

1. 光照：冬季及早春需要较充足的光照，不要荫蔽；而光照渐强时要逐渐遮阳。置荫蔽处欣赏，避免直接在阳光下暴晒，否则会因环境的急剧变化而出现不适，表现为萎蔫、黄叶，甚至枯死。

2. 温度：生长适温为22～28℃，3～9月份为24～30℃，9月份至翌年3月份为18～21℃，冬季温度不低于14℃。温度低于10℃时，植株生长受阻，叶片易受冻害。

3. 土壤：忌黏重土壤，宜用富含腐殖质的砂质壤土。

4. 浇水：要保持盆土湿润，忌干燥和积水。

5. 施肥：宜施薄肥，忌施浓肥或生肥，在施用了固态肥后要浇灌1次清水，最好以稀薄的肥水代替清水浇灌，这样一般不会产生肥害，而且能使植株生长茂盛。

6. 繁殖：可采用分株繁殖、播种繁殖和组织培养繁殖。其中最常用的是分株繁殖，在5～6月份进行最好。

摆放技巧

白鹤芋盆栽可以摆放在客厅、卧室，也可作玄关装饰，不宜摆放在有光线直射的阳台或者靠近空调的位置。

扶桑

别称

朱槿、佛桑、大红花。

习性

喜阳光充足、温暖、湿润及通风的环境,不耐寒霜,不耐阴。

形态特征

常绿灌木,株高100～300厘米,茎直立,多分枝。叶互生,阔卵形或狭卵形,先端渐尖,基部圆形或楔形,边缘有粗齿,基部全缘,形似桑叶。花大,单生于上部叶腋间,有单瓣、重瓣之分。蒴果卵形,极少结果。花色有黄色、橙色、粉色、白色等。花期为全年,夏秋季最盛。

栽培与养护

1.光照:扶桑是强阳性植物,需于5月初起放在阳光充足处接受阳光照射。

2.温度:生长适温为15～28℃。气温低于5℃时,叶片转黄脱落;低于0℃时即遭冻害。

3.土壤：对土壤要求不高，在肥沃、疏松的微酸性土壤中生长最好，盆栽时可选用腐叶土、塘泥等栽培。

4.浇水：扶桑喜水，生长期应保持土壤湿润；干燥季节应向叶面喷水保湿，增加空气湿度，有利于植株生长；如置于室外养护，雨天要及时排除积水，防止烂根；冬季要控水。

5.施肥：扶桑全年开花，对肥料要求较高，应及时补充养料，一般每10天施1次复合肥，也可与有机肥交替施用，效果更佳。

6.繁殖：主要以扦插繁殖为主。2~3月份可在温室内进行扦插，6~7月份则可在室外进行扦插。

摆放技巧

南方可植于露地花坛或做花篱；北方多用于盆栽，陈放在阳台、客厅以供观赏。

观赏性 土种盆栽

花烛

别 称

红掌、安祖花、火鹤花、红鹅掌。

习 性

喜温暖、潮湿、半阴、排水良好的环境，忌干旱和强光暴晒。

形态特征

天南星科多年生常绿草本植物，根肉质。叶从根茎抽出，具长柄，叶单生，叶片心形，叶鲜绿色，叶脉凹陷。花腋生，佛焰苞蜡质，正圆形至卵圆形；肉穗花序，圆柱状，直立，花色红艳。

栽培与养护

1.光照：红掌是喜阴植物，因此，在室内宜放置在有一定散射光的明亮之处，千万不要把红掌放在有太阳光强烈直射的环境中。当光照过强时，叶片会出现变色、灼伤或焦枯现象。

2.温度：生长适温为18~28℃，最高温度不宜超过35℃，最低温度为14℃，低于10℃时可能会产生冻害。夏季温度高于32℃时需采取降温措施，如加强通风，多喷水，适当遮阳等。冬季室内温度低于14℃时需进行加温。

3.土壤：土壤要疏松。可用泥炭、砻糠灰和珍珠岩按3：2：1的比例配成混合土使用。

4.浇水：要保持较高的空气湿度；要保持土壤湿润，但不能积水；可以直接水培。

5.施肥：肥料往往结合浇水一起施用，一般选用氮、磷、钾比例为1：1：1的复合肥，把复合肥溶于水后，用浓度为0.1%的液肥浇施。春、秋季一般每3天浇1次肥水，气温高时，视盆内基质干湿可每2~3天浇1次肥水；夏季可每2天浇1次肥水，气温高时可加浇水1次；冬季一般每5~7天浇1次肥水。也可直接使用红掌专用肥。

6.繁殖：主要采用分株繁殖、播种繁殖和扦插繁殖。

摆放技巧

红掌可以摆放在通风、透光又有所遮阳的阳台、窗台等处，也可以摆放在洗手间等湿气较重、通风又好的地方养护。

观赏性 土种盆栽

龙吐珠

别 称

麒麟吐珠、珍珠宝莲、臭牡丹藤、白花蛇舌草。

习 性

喜温暖、湿润和阳光充足的环境，不耐寒。

形态特征

多年生常绿藤本植物。茎四棱；单叶对生，叶片椭圆形，叶脉由基部伸出，全缘，有短柄；聚伞形花序，腋生，春夏季开花，花冠上部深红色，花开时红色的花冠从白色的萼片中伸出，宛如龙吐珠。

栽培与养护

1.光照：冬季需保持光照充足，夏季天气太热时宜遮阳。

2.温度：生长适温为18～24℃，2～10月份为18～30℃，10月份至翌年2月份为13～16℃。冬季温度不低于8℃，5℃以下时，茎、叶易遭受冻害，轻则引起落叶，

重则嫩茎枯萎。在营养生长期温度可以较高，30℃以上高温时，若供水充足仍可正常生长。而在生殖生长期温度宜较低，17℃左右。

3.**土壤**：盆栽时用培养土或泥炭和粗沙的混合土。

4.**浇水**：在茎叶生长期要保持盆土湿润，但浇水不可过量，水量过大会造成只长蔓而不开花，甚至叶子发黄、凋落，根部腐烂、死亡。夏季高温季节应充分浇水，适当遮阳。冬季要减少浇水量，使其休眠，以求安全越冬。

5.**施肥**：每半月施肥1次，在开花季节增施1~2次磷、钾肥，或用四季用高硝酸钾肥。冬季则减少浇水并停止施肥。

6.**繁殖**：以扦插繁殖为主，枝插、芽插、根插都可生根。

摆放技巧

龙吐珠盆栽可摆放在有支架的天棚或阳台上，使它攀援生长，不宜摆放在阴暗、通风不好的室内环境中。如果室内光线不足，会出现只长枝叶，开花不多的现象，甚至会出现叶子发黄或者脱落的现象。

观赏性 土种盆栽

春石斛

别 称

石斛，石兰。

习 性

喜温暖、湿润、半阴及通风良好的环境，较耐寒，也耐旱。

形 态 特 征

多年生附生草本植物。茎丛生，株高50～80厘米，直立或下垂，圆柱形或扁三棱形，少分枝，具节。叶近革质，互生，扁平，基部具抱茎的鞘。总状花序，直立、斜出或下垂，花数多，花色极多。花期为春季。

栽培与养护

1.**光照**：止叶期后增加光照，有利于花芽分化。

2.**温度**：生长、开花适温为10～30℃。

3.**土壤**：对基质要求较高，宜用排水良好、透气性好的蕨根、水苔、木炭、珍珠岩、树皮块等作为栽培基质。

4.**浇水**：应保持土壤湿润，在干燥的季节应向植株及地面喷水保湿，但如果长期积水，可能导致根系发黑、腐烂；冬季要适当控制浇水。春石斛一般于9月份长出最后一片叶子，俗称为"止叶"，之后就转入生殖生长期，也就是花芽分化期，这时应控制浇水量。

5.**施肥**：对肥料需求较少，一般每10天施肥1次，以浓度为1500倍液的通用肥为宜，过高易产生肥害。施肥忌在高温下进行，开花期及休眠期停止施肥。

6.**繁殖**：可采用分株繁殖和扦插繁殖。

摆放技巧

春石斛盆栽多置于室内观赏，用于阳台、饭厅、客厅、书房等处的装饰。

 观赏性土种盆栽

空气凤梨

别 称

空气草。

习 性

空气凤梨大部分生长在较干燥的环境中，一部分生长在湿润的环境中。

形态特征

多年生草本植物。其品种很多，有的品种群生，有的直径可达2米，但有的不到10厘米。植株呈莲座状、筒状、线状或辐射状，叶片有披针形、线形，直立、弯曲或先端卷曲。叶色除绿色外，还有灰白、蓝灰等色，有些品种的叶片在阳光充足的条件下还会呈红色。叶片表面密布白色鳞片。穗状或复穗状花序，小花有绿色、紫色、红色、白色、黄色、蓝色等，花期主要集中在8月份至翌年4月份。

栽培与养护

1.光照：叶片较灰、较硬、鳞片较多的品种需要较强的光照；而叶片较绿、较软、鳞片较少的品种较耐阴。在室内栽培时应放在光照明亮处，如果光照不足会导致植株徒长、瘦弱。

2.温度：生长适温为10~38°C。

3.土壤：空气凤梨属附生和气生草本，不能用基质栽培，一般将它固定在石头或树干上栽培即可。

4.浇水：对水分要求不高。可每周用喷壶喷水2~3次；天气干燥时，可于傍晚向植株喷水，水量不宜过大，需特别注意叶心不能积水。植株宜放在通风良好的地方，以便水分能尽快散失，长期过湿可能导致植株腐烂。

5.施肥：对肥料要求不高，宜施用较淡的肥料，可用加水2000倍的磷酸二氢钾加尿素喷施，每10天施1次；也可把植株浸到加水3000倍的磷酸二氢钾加尿素肥液中，10分钟后取出。冬季一般停止施肥。

6.繁殖：空气凤梨的繁殖方法有两种。一是播种繁殖，但人工栽培不容易结子；二是分株繁殖，空气凤梨会在母株边生出大量子株，待子株长大后即可分离，分株时将其根茎连接处用利刀切断，另行养护即可。

摆放技巧

空气凤梨形态独特，是优良的观叶品种，个别品种还会结出花生米大小的果实，观赏性极佳。适合置于阳台、窗台等处栽培、观赏。

观赏性 土种盆栽

葡萄风信子

别　称

葡萄百合、蓝壶花、蓝瓶花。

习　性

喜温暖、凉爽气候，喜光，耐半阴，耐寒性强。

形 态 特 征

多年生草本植物，株高15～40厘米。鳞茎卵圆形，皮膜白色。叶基生，线形，稍肉质，暗绿色，边缘常内卷。花茎自叶丛中抽出，总状花序，小花密生而下垂，有白色、肉色、淡蓝色和重瓣等品种。花期为3～5月份。蒴果。

栽培与养护

1. **光照**：开花期需要放置于阳光充足的地方接受光照。
2. **温度**：生长适温为15～25℃。
3. **土壤**：对土壤要求较高，以富含腐殖质、疏松、肥沃、排水良好的土壤为佳，盆栽时可选择腐叶土、泥炭等。
4. **浇水**：于盆土中定植后浇透水，养护过程中不必浇水太多，保持盆土不要过干即可。
5. **施肥**：生长期可施肥1～2次，速效肥、有机肥均可。
6. **繁殖**：可采用播种繁殖和分株繁殖。

摆放技巧

葡萄风信子为优良的观花植物，不仅适合摆放在客厅、书房、饭厅等地方作装饰，还可以装点休息室、卧室等。

五彩凤仙花

别 称

新几内亚凤仙。

习 性

喜温暖、湿润及光照充足的环境。

形态特征

多年生草本花卉。茎多汁，光滑，节部膨大。叶互生，宽披针形，绿色或淡红色，叶缘具齿。花腋生，单生或数朵呈伞房花序，花柄长，花色丰富，有红色、紫色、粉色、白色等，花期几乎持续全年。

栽培与养护

1. 光照：虽然喜光，但在夏季也要适当遮光；冬季则要多见光，以防徒长。
2. 温度：生长适温为16~24℃。温度低于15℃或高于32℃时，将影响植株正常生长。
3. 土壤：对土壤要求较高，盆栽时可用由泥炭、腐叶土、有机肥及河沙等混合配制成的营养土。
4. 浇水：土壤稍湿润即可，以"见干见湿"为原则，过湿易造成根茎腐烂。
5. 施肥：对肥料要求不高，一般每10天施肥1次，以复合肥为主；忌偏施氮肥，否则易导致叶片过嫩、徒长。
6. 繁殖：采用扦插繁殖，扦插半个月左右后生根，在株高5~7厘米时摘芯1次，以促发新根。

摆放技巧

五彩凤仙花株形整齐，花色艳丽，观赏性佳，可放置在阳台、窗台、客厅及书房等处。

观赏性 土种盆栽

紫叶酢浆草

别 称

酸浆草。

习 性

喜温暖、湿润环境,耐旱性较强,不耐寒。

形 态 特 征

多年生宿根草本植物,株高15~30厘米,根肉质。叶簇生于地下鳞茎上,有长柄,为三出掌状复叶,小叶呈三角形,叶片初生时为玫瑰红色,成熟时紫红色。伞形花序,花期为4~12月份。

栽培与养护

1. **光照**：喜光，不宜烈日暴晒，南方仲夏时节需要适当遮阳。
2. **温度**：生长适温为15~28℃，越冬温度不低于0℃。
3. **土壤**：对土壤要求不高，以肥沃、疏松、湿润、排水良好、富含有机质的土壤为佳，盆栽时可用泥炭或腐叶土栽培。
4. **浇水**：对水分要求不高，在生长旺季应保持土壤湿润，浇水遵循"不干不浇，浇则浇透"的原则；空气干燥时应向植株及周围喷水，以增加空气湿度。
5. **施肥**：每10天施肥1次，以复合肥为主，每月施用1次有机肥更好，氮含量不宜过高。
6. **繁殖**：以分株繁殖为主，也可采取播种繁殖。

摆放技巧

紫叶酢浆草是优良的观叶植物，不仅在园林种植中应用广泛，也极适合盆栽。紫叶酢浆草盆栽可摆放在客厅、阳台和窗台等处作装饰。

观赏性 土种盆栽

银脉凤尾蕨

别 称

白羽凤尾蕨。

习 性

喜温暖、湿润的半阴环境，忌强光直射，较耐寒，稍耐旱，忌积水。

形 态 特 征

中小型陆生蕨类，株高20~40厘米，丛生。根状茎匍匐生。叶分两种，一种为孢子叶，直立，具有叶轴，羽片狭长；另一种为裸叶，较矮，羽状展开，质薄。叶脉部分为明显的银白色。

栽培与养护

1. 光照：盛夏时适当遮阳，避免强光直射，以免叶片干瘪枯黄。
2. 温度：生长适温为15～26℃，越冬温度不低于5℃。
3. 土壤：对土壤要求较高，适宜在湿润、肥沃、排水良好的土壤中生长，盆栽用土可用腐叶土、泥炭、有机肥、河沙等混合配制。
4. 浇水：生长期要保持盆土湿润，不宜过干，否则会造成叶片干枯。但也要注意不能让盆土长期处于积水状态，以免造成烂根。空气干燥时，要向四周及植株叶面喷水以增加空气及叶面湿度。
5. 施肥：对肥料要求不高，每月施用1次腐熟的稀薄液肥即可。
6. 繁殖：一般采用分株繁殖，还可以用孢子繁殖。

摆放技巧

银脉凤尾蕨作为观赏盆栽，适合摆放于室内窗台，也可以放在阳台；也可摆放在洗手间内，但要适时移到有光照的地方，轮换摆放。

图书在版编目（CIP）数据

观赏性土种盆栽 / 华姨编著.—杭州：浙江科学技术出版社，2017.5
ISBN 978-7-5341-7494-0

Ⅰ.①观… Ⅱ.①华… Ⅲ.①盆栽－观赏园艺 Ⅳ.①S68

中国版本图书馆CIP数据核字（2017）第034601号

书　　名	观赏性土种盆栽	
编　　著	华　姨	
出版发行	**浙江科学技术出版社** 杭州市体育场路347号　　邮政编码：310006 办公室电话：0571-85176593 销售部电话：0571-85062597　0571-85058048 E-mail: zkpress@zkpress.com	
排　　版	广东炎焯文化发展有限公司	
印　　刷	杭州锦绣彩印有限公司	
经　　销	全国各地新华书店	
开　　本	710×1000　1/16	印　张　10
字　　数	100 000	
版　　次	2017年5月第1版	印　次　2017年5月第1次印刷
书　　号	ISBN 978-7-5341-7494-0	定　价　34.00元

版权所有　翻印必究

（图书出现倒装、缺页等印装质量问题，本社负责调换）

责任编辑　王巧玲　　仝　林　　　责任美编　金　晖
责任校对　陈淑阳　　　　　　　　责任印务　田　文
特约编辑　李俊民